Ulrike Führmann

Klaus Schmidbauer

Interne Kommunikation mit Weitblick

Ulrike Führmann
Klaus Schmidbauer

Interne Kommunikation mit Weitblick

Praxiswissen für Ihren Projekterfolg

www.talpa.de

1. Auflage

ISBN 978-3-933689-17-7

Inhalt

#0 DIE BASICS

Intention des Buches

Im Sommer 2008 erschien die Erstauflage unseres gemeinsamen Praxisbuches „Wie kommt System in die interne Kommunikation?“. In den darauffolgenden Jahren haben wir das Buch zweimal gründlich überarbeitet, aktualisiert und neu aufgelegt. Als wir kürzlich das Textmanuskript mit dem aktuellen Stand der Dinge in der internen Kommunikation verglichen, fiel uns der rasante Umbruch auf. Viele unserer damaligen Methoden und Modelle haben sich zwischenzeitlich weiterentwickelt oder wurden durch neue Erkenntnisse ersetzt. Und so beschlossen wir kurzerhand, auf eine vierte Auflage des Praxisbuches zu verzichten und komplett neu anzusetzen.

Das vorliegende neue Buch vermittelt nützliches Praxiswissen für interne Kommunikationsprojekte in Zeiten des Wandels. Wobei wir ausdrücklich anmerken, dass die Inhalte nicht jeder „Trendsau“ hinterherjagen, die zurzeit durchs Dorf der internen Kommunikation getrieben wird. Wir übernehmen angesagte Methoden und neue Techniken nur dann, wenn sie sich in unserer eigenen Praxis bewährt haben. Auch kennen wir keinen Respekt und verändern, wo notwendig, die neuen Kommunikationstechniken, um sie fit für die besonderen Anforderungen der Mitarbeiterkommunikation zu machen.

Beim Schreiben stellten wir uns vor, dass unsere Leserinnen und Leser für ihr Unternehmen ein Projekt der internen Kommunikation konzipieren, planen und durchführen sollen, aber unsicher sind, wie sie es konkret angehen. Mit unserem Buch wollen wir schrittweise durch den gesamten Prozess des internen Kommunikationsprojekts leiten. Uns ist wichtig, dass die Inhalte einfach zu lesen, gut zu verstehen und sofort anzuwenden sind. Keine theoretischen Denkmodelle, keine Thesen, keine Exkurse, sondern pures Praxiswissen für alle Praktikerinnen und Praktiker der internen Kommunikation und solche, die es werden wollen.

Wahrscheinlich arbeiten viele unserer Leserinnen und Leser in Unternehmen. Die Lektüre wendet sich aber ausdrücklich auch an diejenigen, die in anderen Institutionen intern kommunizieren: Ministerien, Behörden, Hochschulen, Forschungsinstitute, Verbände, Vereine, Stiftungen, Genossenschaften. Und neben den Mitarbeitenden sind auch Studierende, Weiterbildende, fachlich Interessierte und andere neugierige Menschen eingeladen, unser Buch zu lesen.

Im Buch bezeichnen wir die Verantwortliche für die interne Kommunikation als interne Kommunikationsmanagerin. Wir wählen bewusst die weibliche Form, denn in unserem Umfeld sind zwei Drittel der Verantwortlichen weiblich. Die männlichen Manager fühlen sich bitte ebenfalls angesprochen.

Als Anschauungsbeispiel haben wir einen Praxisfall in den Text eingearbeitet. Er dokumentiert alle Arbeitsschritte eines Kommunikationsprojekts. Die einzelnen Schritte sind den entsprechenden fachlichen Teilen im Buch zugeordnet. Das Projekt basiert auf zwei realen Aufträgen, die wir anonymisiert und so zusammengeführt haben, dass keine vertraulichen Informationen zu entnehmen sind.

Situation der internen Kommunikation

Jedes Unternehmen ist eine soziale Institution, die erst durch Kommunikation entsteht und sich weiterentwickelt. Kommunikation ist für die Institution wie die Luft zum Atmen, die alles leben lässt. Aus diesem Grund ist eine engagierte interne Kommunikationsfunktion für Unternehmen keine Kür, sondern eine lebenswichtige Grundfunktion. Die Unternehmen stehen täglich in der Pflicht, ihre Mitarbeitenden ausreichend und verständlich zu informieren, um die erforderliche Transparenz herzustellen. Alle in der Firma sind oder fühlen sich gut informiert und blicken durch.

Aber damit nicht genug: Die klassische einseitige Information reicht nicht mehr aus. Heutzutage müssen sich Unternehmen für den Dialog und die Interaktion mit der Belegschaft öffnen. Die Kommunikation bindet alle ein, sie können mitreden und aktiv mitwirken. Nur Mitarbeitende, die sich informiert, gehört und eingebunden fühlen, sind engagierte und zufriedene Mitarbeitende.

Soweit unsere Forderung. Die Realität sieht anders aus. Eine Studie der Unternehmensberatung Gallup Inc. aus dem Jahr 2019 stellt fest, dass über 85 % – in Worten: fünfundachtzig Prozent – der Arbeitnehmer in Deutschland keine oder eine geringe Bindung an ihr Unternehmen haben. 16 % der Mitarbeitenden haben bereits innerlich gekündigt und 69 % machen nur noch Dienst nach Vorschrift. Viele denken über einen Jobwechsel nach oder sind bereits auf Jobsuche. Das hat fatale Folgen für den Unternehmenserfolg und muss alle Alarmglocken schrillen lassen. Irgendetwas scheint die Menschen an ihrer Arbeit zu stören.

Eine andere Befragung aus den Vorjahren findet viele Faktoren heraus, die im Betrieb als störend empfunden werden. Dazu gehören u.a. Überstunden, schlechte Arbeitsatmosphäre oder zu lange Entscheidungswege. Die Mängel in der internen Kommunikation stehen jedoch an erster Stelle.

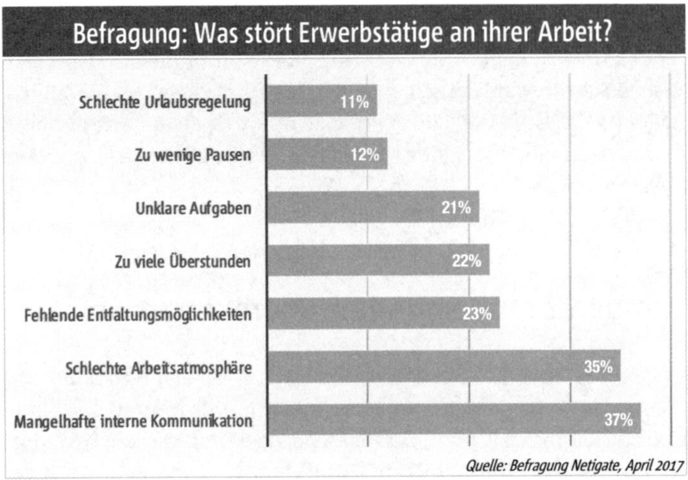

Abbildung 1: Interne Kommunikation als wichtiger Faktor

Das wundert uns nicht: In vielen Unternehmen ist die interne Kommunikation das fünfte Rad am Wagen der Unternehmenskommunikation. Das war nicht immer so. In den 80er Jahren legten die Unternehmen großen Wert auf Mitarbeiteransprache und -pflege. Mitte der 90er Jahre begann die interne Kommunikation an Boden zu verlieren und im ersten Jahrzehnt des neuen Jahrtausends hatte sie eine erschreckend kraftlose Position. Damals herrschte kein Mangel an Arbeitskräften, sodass die Unternehmensführung keine Notwendigkeit sah, ihre Mitarbeitenden zu respektieren und zu fördern. Erschwerend kam hinzu, dass zeitgleich, aus den Vereinigten Staaten und Japan kommend, unter dem Schlagwort „Lean Management" eine große Effizienzwelle die Unternehmen ergriff. Überall wurde gekürzt und eingespart. Interne Kommunikation war zu dieser Zeit nur Mitarbeiterinformation mit einer Portion Wohlfühlkommunikation als Sahnehäubchen obendrauf. Die Sahne konnte man jederzeit weglassen, sobald die Zahlen nicht stimmten. Wenn gespart werden musste, dann war das Budget für interne Kommunikation einer der ersten Posten. Die interne Kommunikation erfüllte ihre Pflichtaufgaben, für mehr war selten Spielraum.

Mit der Verschärfung des Fachkräftemangels und dem War for Talents, der wachsenden Bedeutung von Corporate Social Responsibility und dem Entstehen der New Work-Bewegung begann sich der Wind zu drehen. Ein Umdenken setzte ein, erst zaghaft, aber schon bald mit zunehmender Kraft. Heute spüren alle Unternehmen den Wandel und verstärken die Ansprache der Mitarbeitenden. Sie holen die interne Kommunikation aus der Defensive heraus und verleihen ihr eine aktiv gestaltende Rolle. Dadurch nehmen die Menge und die Tragweite der anstehenden Kommunikationsaufgaben zu und damit auch die Erwartungshaltung an den Kommunikationserfolg. Da wird ein neues Gesundheitsmanagement gestartet, die Kommunikation soll die Botschaft nach innen tragen und eine breite Akzeptanz erzeugen. Oder ein innovatives Videokonferenzsystem wird eingeführt und die Kolleginnen und Kollegen sollen gewonnen werden, die Videotechnik für ihre internen Besprechungen zu nutzen. Es gibt ständig Anlässe, mit System und Weitblick zu kommunizieren.

Die Anforderungen an die interne Kommunikation steigen nicht nur durch den Wandel auf dem Arbeitsmarkt und in den Unternehmen, gleichzeitig verändert sich die interne Kommunikationsfunktion auch von innen – und zwar gründlich:

→ **Interne Kommunikation wird digitaler** – Die Digitalisierung bringt eine Vielfalt von neuen Einsatzmöglichkeiten für die Kommunikation. Immer mehr Teams arbeiten in digitalen Arbeitsräumen zusammen. Mobile Mitarbeiter-Apps auf dem Smartphone setzen sich durch. Das Intranet erhält Social Media- und Bewegtbild-Funktionen. Digitale Infoscreens ersetzen das Schwarze Brett. Die analoge Kommunikation verschwindet dadurch nicht, aber sie bekommt andere Aufgaben zugewiesen.

→ **Interne Kommunikation wird dialogischer** – Das Zeitalter der einkanaligen Informationskommunikation geht zu Ende. Die Unternehmen öffnen sich für Dialog und Interaktion mit den Mitarbeitenden. Die Verantwortlichen für die interne Kommunikation nehmen hier eine wichtige Gesprächsposition ein. Sie müssen die Dialogprozesse ankurbeln und steuern, sie moderieren und vermitteln, versuchen Konflikte zu entschärfen und Gemeinsamkeiten herzustellen.

→ **Interne Kommunikation wird agiler** – In der Vergangenheit gab es feste Pläne und standardisierte Abläufe – die nächste Ausgabe des Mitarbeiter-Rundbriefs herausbringen, das Intranet pflegen, das jährliche Sommerfest vorbereiten. In vielen Unternehmen dominierte ein starres Verständnis von interner Kommunikation. Statt internem Kommunikationsmanagement hätte es dort interne Kommunikationsverwaltung heißen müssen. Es gab klare Vorgaben. Die bewährten Standardmaßnahmen wurden routiniert eingesetzt, und alles ging seinen gewohnten Gang. Das ändert sich zurzeit. Die Bedeutung von Routine, Linie und Hierarchie sinkt, agile Teams entstehen und treiben die Kommunikation an. Sie reagieren schnell und unbürokratisch auf wechselnde Anforderungen und neue Situationen. Ihre Planung bleibt flexibel, lernt dazu und entwickelt sich weiter.

→ **Interne Kommunikation wird integrierter** – Die verschiedenen Disziplinen der Unternehmenskommunikation arbeiten viel enger als früher zusammen. Größere Unternehmen führen beispielsweise Newsrooms ein, die alle Kommunikationsbereiche bündeln. Die interne Kommunikation hat hier oft einen festen Platz. Sie muss sich allerdings gegen die Dominanz der externen Kommunikationsdisziplinen behaupten und sich eine starke Stellung als gleichberechtigte Partnerin aufbauen.

In der Konsequenz kommen auf die Verantwortlichen für interne Kommunikation wesentlich höhere Anforderungen zu. Die Kommunikationsarbeit wird immer komplexer und anspruchsvoller. Die Risiken steigen, aber gleichzeitig öffnen sich auch neue Chancen.

Erfolgreiche interne Kommunikation braucht eine hohe Performance. Die Zeiten, in denen man mal eben eine „quick & dirty" formulierte interne Mitteilung über den Hausverteiler verschickte und damit seine Informationspflicht erfüllte, sind vorbei. Da die Mitarbeitenden zunehmend unter Kommunikationsüberlastung leiden, nicht enden wollende Fluten von E-Mails, Hausmitteilungen, Konzepten und Plänen verarbeitet werden müssen, wird es immer schwerer, die Kollegen und Kolleginnen zu erreichen. In Zukunft braucht das interne Kommunikationsmanagement durchdachte Konzeption und Planung, es muss mehr Weitblick in die Kommunikation mit den Mitarbeitenden gebracht werden.

Definition der internen Kommunikation

Wer sich mit interner Kommunikation intensiver beschäftigen will, sollte eine klare Definition als Ausgangspunkt nehmen. Das ist gar nicht so einfach, denn interne Kommunikation wird in Fachbüchern und Vorträgen unterschiedlich definiert. Es geht zwar bei allen um die Kommunikation mit der Belegschaft, aber im Detail unterscheiden sich die Begriffsbestimmungen. Um eine eindeutige Orientierungsgrundlage zu schaffen, stellen wir unsere eigene Definition an den Anfang:

> *Interne Kommunikation ist ein integrierter Bereich der gesamten Kommunikation eines Unternehmens. Vorrangige Aufgaben sind Information, Dialog und Interaktion in Richtung der internen Bezugsgruppen eines Unternehmens, die als interne Öffentlichkeit verstanden und mit Kommunikationsmaßnahmen gezielt angesprochen und einbezogen werden.*

Interne Öffentlichkeit sind alle, die zum Binnenraum des Unternehmens gehören und Teil der internen Gemeinschaft sind. Der Kreis der Öffentlichkeit geht dabei über die Mitarbeitenden hinaus. Manche Unternehmen rechnen die Ehemaligen oder ihren Aufsichtsrat dazu. Ein Verein würde seine Mitglieder und ehrenamtlichen Helfer einbeziehen. Die Kommunikation mit der internen Öffentlichkeit erfolgt weniger in persönlichen Einzelgesprächen als durch den professionell orchestrierten Einsatz von Maßnahmen.

Die hier beschriebene interne Kommunikationsfunktion ist nur ein Teil der gesamten internen Kommunikationswelt eines Unternehmens. Außerdem gehören zu dieser Welt die leistungsbezogene Fachkommunikation, die linienbezogene Führungskommunikation, die jobbezogene Personalkommunikation und die informelle Kommunikation der Mitarbeitenden. Hinzu kommt die externe Kommunikationsarbeit, die sich in Marketingkommunikation und Imagekommunikation unterteilt.

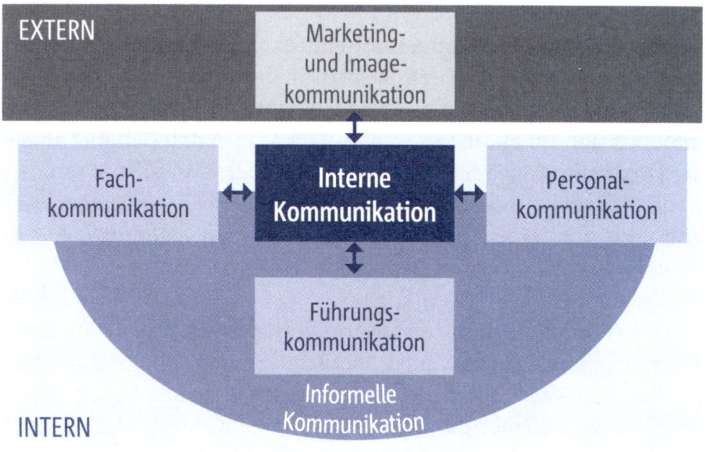

Abbildung 2: Die Kommunikationswelt eines Unternehmens

Was verstehen wir unter **leistungsbezogener Fachkommunikation**? Jedes Unternehmen hat einen Zweck, und um ihn zu erfüllen, sind bestimmte fachliche Leistungen zu erbringen. Nehmen wir an, ein mittelständisches Unternehmen stellt Abfüllmaschinen für die Getränkeindustrie her. Die Kommunikation, die sich direkt um die Projekte und Abläufe, um Forschung, Entwicklung, Produktion und Vermarktung der Maschinen dreht, gehört zur leistungsbezogenen Fachkommunikation. Wenn sich der Senior Product Manager mit der F&E-Chefin über dringend notwendige Verbesserungen der Füllstutzen verständigt, dann ordnen wir das Gespräch der fachlichen Kommunikation zu.

Unter **linienbezogener Führungskommunikation** verstehen wir offizielle Aufträge und Anweisungen der Führungskräfte an ihre Mitarbeitenden sowie Gespräche und Feedbackschleifen zwischen den beiden Gruppen. Gut führen, das heißt gut kommunizieren.

Die **jobbezogene Personalkommunikation** läuft im Wesentlichen auf der Ebene des Personalwesens/Human Relations Managements. Zu dessen Kommunikationsaufgaben gehört die Organisation von Jahresgesprächen, Zielvereinbarungsgesprächen, internen Assessment-Centern, Gehaltsverhandlungen, Personalbeurteilungen und die Abstimmung von anstehenden Change-Prozessen.

Die **informelle Kommunikation** heißt umgangssprachlich „Flurfunk" oder „Gerüchteküche". Die Mitarbeitenden tauschen sich auf dem Flur, in der Kantine oder der Teeküche aus. Alle gefühlt wichtigen Themen werden besprochen, Tatsachen mischen sich mit Gerüchten und oft weicht das informelle Meinungsbild erheblich vom offiziellen Selbstbild des Unternehmens ab.

Die **externe Kommunikation** ist untrennbar mit dem internen Kommunikationsmanagement verbunden. Sie braucht den internen Rückhalt, um der externen Ansprache die nötige Überzeugungskraft zu geben. Die externe Kommunikation spricht die relevanten Zielgruppen draußen im Umfeld an. In der kurzfristig planenden Marketingkommunikation geht es um den Absatz von Produkten und Leistungen, um die Ansprache von Kunden und Absatzmittlern. Auf der anderen Seite fokussiert sich die langfristig angelegte Imagekommunikation auf die Reputation des Unternehmens.

Die interne Kommunikationsmanagerin ist in dieser Konstellation ein wichtiger Knotenpunkt. Sie verbindet alle Bereiche und arbeitet integrierend, indem sie bei Bedarf alle anderen Kommunikationsfunktionen tatkräftig unterstützt. So begleitet die Managerin beispielsweise eine neue externe Imagekampagne mit internen Maßnahmen, die aus den Mitarbeitenden Botschafter machen. Oder sie gibt dem anstehenden Change-Workshop der HR-Abteilung mit Berichten und Interviews im Intranet den nötigen Rückhalt in der internen Öffentlichkeit.

Grundregeln der internen Kommunikation

Wer erfolgreich intern kommunizieren will, sollte verstanden haben, wie Kommunikation funktioniert. Es gibt viele wissenschaftliche Studien zu dem Thema. Vor allem die relativ neuen Disziplinen der Verhaltensökonomie und der Gehirnforschung haben wertvolle Erkenntnisse gebracht. Vor diesem Hintergrund irritiert uns, dass viele Unternehmen und Institutionen die elementaren Einsichten der aktuellen Forschung ignorieren und bisweilen fahrlässig gegen die Grundregeln der internen Kommunikation verstoßen.

Wir sprechen in unseren Beratungen von „Überlebensregeln" der Mitarbeiterkommunikation, um deren elementare Bedeutung zu unterstreichen. Das interne Kommunikationsmanagement muss die Regeln bei jedem Kommunikationsprojekt präsent haben. Denn wer gegen sie verstößt, verliert dramatisch an Kommunikationswirkung:

→ **Relevant und gezielt kommunizieren** – Bis vor einigen Jahren gab es in vielen Unternehmen große Lücken in der internen Kommunikationsarbeit, sodass die Kolleginnen und Kollegen das Gesamtbild nicht erkennen konnten und verunsichert reagierten. Zwar sind die Lücken in manchen Unternehmen noch zu spüren, aber im Vordergrund steht heute ein anderes Phänomen: Es wird zu viel kommuniziert! Die Mitarbeitenden werden mit Content, Content, Content zugeschüttet, fühlen sich überfordert und machen zunehmend dicht. Der aus der externen Kommunikation bekannte „Communication Overload" hat die interne Kommunikation erreicht, und es muss gegengesteuert werden. Unsere Empfehlung verblüfft viele Verantwortliche für interne Kommunikation: Kommuniziert halb so viel! Lasst euch nicht von der Content-Manie anstecken, wirkungsvolle interne Kommunikation wird nur aktiv, wenn sie tatsächlich etwas zu sagen hat. Die Kommunikationsverantwortlichen streuen die Ansprache nicht breit über die Belegschaft aus, sondern kommunizieren so punktgenau wie möglich. Und wenn es nichts Wichtiges zu sagen gibt, dann schweigen sie.

→ **Einfach und verständlich kommunizieren** – Manche Themen der internen Kommunikation sind kompliziert. Da hat ein Anwaltsbüro die neuen Vergaberichtlinien für Aufträge an externe Dienstleister juristisch überprüft und wasserdicht gemacht. Das Ergebnis ist wenig unterhaltsam. Die Fachleute im Unternehmen sind der Auffassung, dass die Komplexität erhalten bleiben müsse, weil ansonsten der Inhalt nicht mehr korrekt wäre. Die Auffassung ist falsch. Die interne Kommunikationsmanagerin setzt sich über solche Bedenken hinweg und reduziert den Schwierigkeitsgrad. Alle können die Inhalte sofort erfassen und verstehen. Flüssige, einleuchtende Texte bringen auch schwierige Themen nahe.

→ **Kurz und knapp kommunizieren** – Um die Informationsmenge auf angenehmem Level zu halten, müssen die Verantwortlichen für die interne Kommunikation lernen, sich kurzzufassen. Lange Ausführungen und öde Textwüsten sind tabu, die interne Kommunikation arbeitet stattdessen mit kurzen, durchstrukturierten Inhalten. Wo Gründlichkeit unabdingbar ist, wird die Information konsumgerecht portioniert: kompakte Darstellung für den ersten Eindruck, Details für das tiefergehende Interesse.

→ **Schnell und entschlossen kommunizieren** – Wer Themen setzen will, muss sie zuerst kommunizieren und für sich besetzen. Für die Kommunikation wird es schwierig, sobald ein Thema vom Flurfunk erobert und rege diskutiert wird. Die informelle Eigendynamik ist schwer zu stoppen. Die interne Kommunikationsmanagerin hat dann die Themenhoheit verloren und kann nur noch reagieren. Daher: keine aufwendigen Abstimmungsprozesse und langen Entscheidungswege. Wirkungsvolle Kommunikation ist schnell, ohne hektisch zu werden. Sie besetzt das Thema und bringt es auf den Punkt.

→ **Ehrlich und konsistent kommunizieren** – In der externen Kommunikation von Unternehmen ist es üblich, die Dinge zu glätten und mustergültiger darzustellen, als sie in Wirklichkeit sind. Verantwortungsbewusste interne Kommunikation geht da anders vor, denn Mitarbeitende haben feine Sensoren für die verschiedenen Ebenen der Ansprache. Oberflächliche Lippenbekenntnisse, inhaltliche Übertreibungen oder überraschende Richtungswechsel in der Argumentation werden schnell bemerkt. Die Kollegen und Kolleginnen spüren die fehlende soziale Konsistenz und verlieren das Vertrauen. Deshalb zeigt die interne Kommunikationsmanagerin Haltung und kommuniziert mit eindeutigen Botschaften, die Bestand haben. Fehler werden eingestanden und Probleme offen dargestellt. Wenn ein Richtungswechsel notwendig ist, dann wird er überzeugend begründet, sodass die Mitarbeitenden folgen können.

→ **Emotional, assoziativ und episodisch kommunizieren** – Das Gehirn des Menschen merkt nur auf, wenn Kommunikation emotional berührend ist. Sachliche, abstrakte Inhalte werden, wenn man sie überhaupt wahrnimmt, schnell wieder vergessen. Emotion ist quasi das Salz in der Suppe der Kommunikation. Und um im Bild zu bleiben: Es kommt darauf an, die richtige Dosis zu finden. Zu wenig schmeckt fade. Aber Vorsicht: Ein Zuviel an Emotion würde die Kommunikation ebenfalls ungenießbar machen. Emotionen lassen sich am besten durch Bilder und Geschichten vermitteln. Hier funken die Neuronen, und die Synapsen leiten weiter. Die interne Kommunikationsmanagerin sendet nicht stur nur Sachinformationen. Sie hat gelernt, Inhalte in Bilder zu transformieren und Geschichten zu erzählen.

→ **Dialogisch und partizipierend kommunizieren** – Die Zeit der einseitigen Informations- und Verkündigungskommunikation ist vorbei. Wirkungsvolle interne Kommunikation bezieht die Mitarbeitenden ein, bringt sie ins Gespräch und führt einen offenen Dialog. Mehr noch: die Mitarbeitenden sind beteiligt und gestalten selbst.

In internen Kommunikationsprojekten lohnt es sich, den Projektbeteiligten die Überlebensregeln immer wieder ins Gedächtnis zu rufen.

Profil des internen Kommunikationsprojekts

Was ist ein internes Kommunikationsprojekt? Die Frage sollte beantwortet sein, bevor wir einsteigen und die Arbeitsschritte eines Projekts vorstellen. Unsere Definition lautet:

> *Das interne Kommunikationsprojekt ist ein konkretes Vorhaben, das von den etablierten Kommunikationsstandards abweicht. Es hat eine klar umrissene Aufgabenstellung, ist zeitlich begrenzt und mit kommunikativen Mitteln umzusetzen.*

Der wesentliche Auslöser für ein Kommunikationsprojekt heißt Veränderung. Läuft in der Kommunikation alles wie immer, dann startet kein Projekt. Es werden die üblichen Routinen genutzt. Aber sobald sich die Verhältnisse verändern, entsteht Handlungsbedarf. Aufgrund von neuen Entwicklungen draußen im Umfeld oder intern im Unternehmen tauchen entweder Probleme auf, die gefährlich werden könnten. Oder es ergeben sich Chancen, die es zu nutzen gilt. Dann ist höchste Zeit, dass die interne Kommunikationsmanagerin ein Projekt startet. In Unternehmen gibt es zahlreiche Anlässe für Kommunikationsprojekte – zum Beispiel:

→ **Neuheiten kommunizieren** – Neue Produkte, Prozesse, Personen werden eingeführt und die Mitarbeitenden sollen darüber informiert werden. Ein Möbelunternehmen stellt den neuen Produktbereich Gartenmöbel vor. Ein anderes Unternehmen wechselt von fixen zu flexiblen Arbeitszeiten. In beiden Fällen ergibt ein internes Kommunikationsprojekt Sinn.

→ **Regeln kommunizieren** – Es ist wichtig, dass alle Kolleginnen und Kollegen die maßgeblichen Vorschriften und Richtlinien des Unternehmens kennen und sich adäquat verhalten. Zum Beispiel muss die Einhaltung der Compliance-Regeln sichergestellt werden, aufgrund derer es zu erheblichen Änderungen in Kundenbetreuung und Auftragsakquisition kommt. Ein internes Kommunikationsprojekt unterstreicht die Bedeutung von Compliance, erklärt das regelkonforme Verhalten und führt mögliche Sanktionen bei Regelverstößen vor Augen.

→ **Dialog kommunizieren** – Die Mitarbeitenden können mitreden und teilweise sogar mitentscheiden. Soll ein Sabbatical eingeführt werden oder nicht? Werden in der Kantine in Zukunft auch vegane Gerichte angeboten? Wie lassen sich die Geflüchteten, die das Unternehmen eingestellt hat, besser integrieren? Ein Kommunikationsprojekt sucht das Gespräch mit der Belegschaft, vermittelt alle relevanten Fakten und moderiert die Meinungsbildung.

→ **Interne Ereignisse kommunizieren** – Das Unternehmen feiert sein 150-jähriges Jubiläum, die nächste Betriebsratswahl steht an oder der französische Wirtschaftsminister besucht die Produktion. Die Mitarbeitenden sind in alle Ereignisse und Veranstaltungen involviert. Über an die jeweiligen Anlässe angedockte Kommunikationsprojekte werden sie informiert, zu motivierenden Fürsprechern gemacht und eventuell sogar aktiv in das laufende Geschehen eingebunden.

→ **Externe Ereignisse kommunizieren** – Auch externe Anlässe können zu Projekten führen. Zum Beispiel verändern sich durch das neue Pflegestärkungsgesetz der Bundesregierung die Arbeitsbedingungen in einem Senioren-Pflegeheim. Oder die mehrmonatige Sanierung einer Straßenbahntrasse führt zu erheblichen Beeinträchtigungen für Mitarbeitende, die auf den öffentlichen Nahverkehr angewiesen sind. In beiden Fällen prüft die interne Kommunikationsmanagerin, ob ein Kommunikationsprojekt zweckmäßig ist und setzt es gegebenenfalls auf Schiene.

→ **Interne Leistungen kommunizieren** – Die Weiterbildung verliert an Schwung, immer weniger melden sich an. Auch die neuen Yogakurse im Gemeinschaftsraum brauchen dringend Teilnehmende. Die E-Firmenautos sollen verstärkt genutzt werden. Entsprechende Kommunikationsprojekte bringen Schwung in die Sache.

→ **Personen/Gruppen kommunizieren** – Der Unternehmensgründer wird 75 Jahre. Ein neuer CEO kommt ins Unternehmen. Die Arbeitsgruppe Gender Mainstreaming tagt ab sofort offen, sodass andere Mitarbeitende teilnehmen können. Ein Antikorruptionsbeauftragter wird ernannt und seine Aufgabe transparent gemacht. All das sind Anlässe für ein internes Kommunikationsprojekt.

→ **Kulturelles kommunizieren** – Die Kolleginnen und Kollegen der Betriebssportgruppe machen den Sommer über bei Marathonläufen mit. Im Hochregallager nistet eine seltene Fledermausart, die mit Hilfe von Wissenschaftlern aufwendig umgesiedelt werden muss. Das Unternehmen organisiert ein Nachbarschaftsfest für die Anwohner und braucht die Mitwirkung der Mitarbeitenden. Flankierend kommt jeweils ein internes Kommunikationsprojekt zum Einsatz.

Vier Phasen des internen Kommunikationsprojekts

Für interne Kommunikationsprojekte haben wir ein Vier-Phasen-Modell entwickelt. Das Modell bildet die Arbeitsabläufe eines Projekts chronologisch ab und unterteilt sie in vier große Etappen. Die Gliederung unseres Buches richtet sich an den Abläufen aus. Wir bewegen uns Schritt für Schritt durch das Projekt – von der Prüfung des Projektbedarfs bis zum abschließenden Debriefing. Je nach Bedeutung und Umfang kann der benötigte Projektzeitraum zwischen ein paar Tagen bei Mikro-Projekten und ein bis drei Jahren bei Großprojekten liegen.

Abbildung 3: Das Vier-Phasen-Modell des internen Kommunikationsprojekts

Soll ein Kommunikationsprojekt gestartet werden oder nicht? Zu Beginn werden die notwendigen Voraussetzungen geschaffen: **Das Kommunikationsprojekt initialisieren.** In dieser ersten Phase wird zuerst die Notwendigkeit eines Projekts geprüft. Bei positivem Prüfresultat konkretisiert die interne Kommunikationsmanagerin die Kommunikationsaufgabe und lässt sie genehmigen. Danach beginnen die Projektvorbereitungen. Das Team wird zusammengestellt. Die notwendigen Plattformen und Instrumente für die Teamarbeit werden bereitgestellt und ein erster grober Zeitplan fixiert.

Es schließt sich die zweite Projektphase an: **Das Kommunikationsprojekt konzipieren.** Die Kommunikationsmanagerin und ihr Projektteam stecken viel Zeit und Sorgfalt in das Konzept. Weil die Mitarbeiterkommunikation von zahlreichen, teilweise instabilen Faktoren abhängt, muss weitergedacht werden. Zuerst analysiert das verantwortliche Team die Ist-Situation, um auf dieser Basis den strategischen Kurs der Kommunikation zu bestimmen. Im operativen Teil des Konzepts werden in das Raster der Strategie die passenden Mittel und Maßnahmen eingepasst.

Erst wenn das Konzept steht, beginnt die dritte Phase: **Das Kommunikationsprojekt planen.** Themen, Maßnahmen, Timing, Budget, das Team arbeitet alles im Detail aus. Die entsprechenden Mittel und Maßnahmen werden getextet, layoutet, fotografiert oder gefilmt, anschließend von Dienstleistern produziert, programmiert und für die Durchführung bereitgestellt.

Schließlich ist alles für die vierte Phase bereit: **Das Kommunikationsprojekt steuern.** Während der Durchführung schaut das Projektteam genau hin, kontrolliert die Fortschritte und greift bei Bedarf steuernd ein. Am Anfang gibt es viel Verbesserungsbedarf, später müssen die Beteiligten nur noch ab und zu den Kurs anpassen. Mit dem Ende der letzten Maßnahme ist das Projekt nicht beendet. Zum Abschluss nimmt das Team die Flops und Erfolge unter die Lupe und lernt für zukünftige Projekte dazu.

Agilität von internen Kommunikationsprojekten

Alles ist im Fluss: draußen in der Gesellschaft, auf dem Markt, intern im Unternehmen. Der Wandel ist keine temporäre Umbruchphase, die wieder vergeht, sondern ein Dauerzustand. So wie die Welt sich dreht, so steckt jedes Unternehmen permanent im Wandel. Nur das Tempo des Wandels variiert. Der Wandel spiegelt sich auch in der Kommunikationsarbeit wider. Früher beinhalteten Kommunikationskonzeption und -planung konkrete bindende Anweisungen. In den entsprechenden Dokumenten standen feste Direktiven für das anstehende Projekt. Sobald das Vorgehen verabschiedet war, arbeiteten die Verantwortlichen die einzelnen Prozessschritte nacheinander ab. Änderungen waren möglich, aber dazu war die Zustimmung der Chefetage erforderlich. Da das Ärger bringen konnte, vermied man diesen Schritt.

Das Verständnis verändert sich zurzeit. Ein Konzept ist nicht mehr Gesetz, sondern die Beschreibung eines flexiblen, agilen Prozesses. Nichts ist in Stein gemeißelt. Das Konzept wird als Orientierungsraster für alle Beteiligten konstruiert. Während des Planungs- und Umsetzungsprozesses behalten sie das konzeptionelle Raster im Blick. Alle Antennen sind ausgefahren, es läuft ein permanentes Monitoring. Falls sich alles entwickelt, wie im Konzept geplant, dann wird es so umgesetzt. Falls sich interne oder externe Voraussetzungen ändern, entwickelt sich das Konzept weiter.

Die Monitoring-Ergebnisse sind als Indizien zu verstehen, die kritisch geprüft und im Zusammenhang gesehen werden. Nicht jeder Alarm beim Monitoring führt aber sofort zum Herumwerfen des konzeptionellen Ruders. Das Steuern auf Sicht darf nicht zum Prinzip der Kommunikation werden. Deshalb hat das Konzept einen hohen Stellenwert. Alle Beteiligten achten es. Nur wenn eindeutige Beweise vorliegen, dass die konzeptionelle Linie in unauflösbarem Widerspruch zu den realen Verhältnissen steht, wird der Kurs geändert.

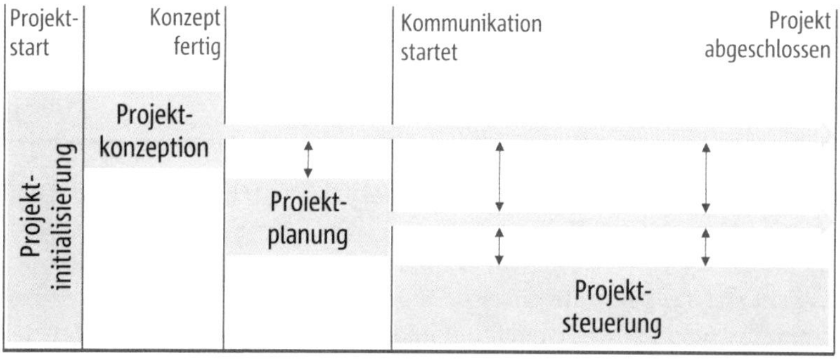

Abbildung 4: Die permanente Konzeption und Planung

Eine agiles Grundverständnis bedeutet, dass Konzeption und Planung während der Steuerungsphase in Bewegung bleiben und sich weiterentwickeln. Sie sind erst beendet, wenn die Kommunikationsaktivitäten durchgeführt sind und das gesamte Projekt abgeschlossen ist. Dazu gehört auch ein ständiges regulierendes Feedback zwischen den drei Ebenen Konzeption, Planung und Steuerung.

In jeder Projektphase wird beobachtet, gesichtet, bewertet, und falls notwendig werden die Stellschrauben besser justiert. Zu Beginn gibt es relativ oft Änderungsbedarf. Mit zunehmender Durchführungsdauer nimmt der Bedarf ab, dennoch bleiben Konzeption und Planung bis zum letzten Projekttag in Bereitschaft.

Für die Projektarbeit ist der Unterschied zwischen Konzeption und Planung wichtig. Im Sprachgebrauch werden beide Begriffe oft synonym verwendet, was zu Missverständnissen führt. Zur Kommunikationsarbeit gehören immer beide, sie haben aber andere Aufgaben – ähnlich wie Architekt und Bauingenieur. Zuerst kommt die Konzeption. Sie entwickelt das grundlegende Denkgebäude mit den drei Säulen Analyse, Strategie und Operation. Analyse und Strategie werden gründlich ausgearbeitet. Der operative Maßnahmenteil wird lediglich skizziert. Dabei muss gewährleistet sein, dass die Maßnahmen ein vernetztes System bilden, das stringent auf der Strategie aufbaut. In der Konzeption geht es nicht um die planerischen Details. Das ist Aufgabe der anschließenden Planung. Erst in der Planungsphase arbeiten die Beteiligten alle Einzelheiten der Kommunikationsaktivitäten heraus – von den technischen Merkmalen bis zu den Kosten. Und noch eine zweite Abgrenzung ist uns wichtig: Wir unterscheiden zwischen Konzeption/Planung und Konzept/Plan. Mit Konzeption bzw. Planung bezeichnen wir den gemeinsamen dynamischen Arbeitsprozess des Projektteams. Das Konzept bzw. der Plan ist das dokumentierte Ergebnis dieses Prozesses – zumeist in Form eines Textdokuments oder einer Präsentation. Das Projektteam steckt also mitten in Konzeption oder Planung (= Prozess) und entwickelt ein Konzept oder einen Plan (= Resultat des Prozesses).

Fiktives Kommunikationsprojekt: Einführung einer digitalen Fachbibliothek

Es geht um das bekannte deutsche Ingenieurbüro LudwigPlan, das im Bauboom der 60er Jahre entstand und in der zweiten Generation vom Inhaber Roman Ludwig geführt wird. „Büro" ist eine missverständliche Bezeichnung, denn es handelt sich um ein mittelständisches Unternehmen mit über 800 Beschäftigten. In Deutschland hat LudwigPlan sieben Niederlassungen in großen Wirtschaftszentren. Die Erweiterung in andere Länder der EU wird vorbereitet.

Das Ingenieurbüro spezialisiert sich auf die Generalplanung von großen Bauprojekten. Gebaut werden Museen, Einkaufszentren, Bahnhöfe, Verwaltungsgebäude und Fabrikationsanlagen. Die Projekte laufen über mehrere Jahre und werden umfassend betreut.

Alter der Belegschaft

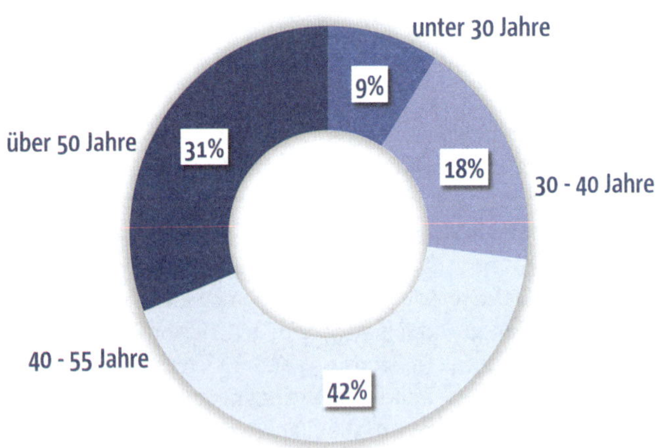

Statistik der Personalabteilung

Die Mitarbeitenden von LudwigPlan sind zu 72 % männlich. Das Durchschnittsalter ist mit 46,7 Jahren relativ hoch, was an der Treue der Angestellten liegt, die im Schnitt über 14 Jahre im Unternehmen arbeiten. Die große Mehrzahl der Jobs gehört zu qualifizierten technischen Berufen wie Bauingenieur, Projektsteuerer, CAD-Konstrukteur oder Bauzeichner. Knapp 15 % der Kollegen und Kolleginnen sind im Verwaltungs- und Servicebereich beschäftigt.

Die Ansprache der Mitarbeitenden verantwortet die interne Kommunikationsmanagerin Sina Schmidt, die als „Einzelkämpferin" in der Berliner Zentrale sitzt und der Geschäftsführung als Stabsstelle zugeordnet ist. Mit 32 Jahren und 4 Jahren Betriebszugehörigkeit gehört sie noch zu den Neulingen im Unternehmen.

Die Baubranche erlebt zurzeit einen tiefgreifenden Wandel. Innovative Baustoffe und Verfahren bieten neue Möglichkeiten. Energiesparen und Nachhaltigkeit sind zu einer echten Herausforderung geworden, und die Digitalisierung eröffnet unter dem Schlagwort 5D-Planung oder BIM (Building Information Modeling) richtungsweisende Horizonte. Team-Apps und digitale Konferenzsysteme erleichtern die Zusammenarbeit der Projektteams. Die vielen älteren Mitarbeitenden bei LudwigPlan tun sich schwer und begegnen den neuen Entwicklungen mit einer spürbaren Distanz.

Ich sehe die Digitalisierung im Unternehmen ...

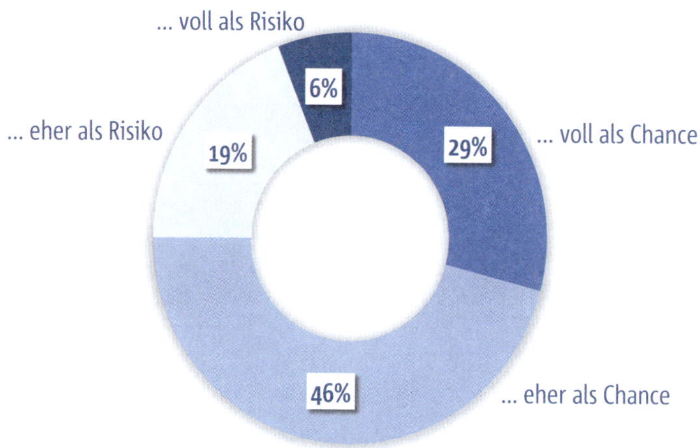

Mitarbeiterbefragung LudwigPlan

Bei einem Besuch in den Vereinigten Staaten hat der Inhaber Roman Ludwig eine neue Idee mitgebracht und an den Weiterbildungsbeauftragten seiner Firma weitergegeben. Um die Belegschaft fit für den Wandel zu machen, soll im Intranet eine digitale Bibliothek eingerichtet werden.

Nach Verzögerungen, bedingt durch Urheberrechtsprobleme und technische Intranet-Hürden, ist die Bibliothek inzwischen startklar. Sie beinhaltet in der ersten Stufe 700 Fachbücher aus den Bereichen Architektur, Bauingenieurwesen, Städtebau, Stadtökologie, Energiesparen, Betriebswirtschaft und Projektplanung, darunter viele Neuerscheinungen. Die Bücher sind deutsch- oder englischsprachig.

Der Weiterbildungsbeauftragte will die Bibliothek nicht einfach online stellen und sich überraschen lassen, was passiert. Deshalb kommt die interne Kommunikationsmanagerin ins Spiel. Sie wird beauftragt, ein Kommunikationsprojekt zu starten, um den Erfolg der digitalen Fachbibliothek sicherzustellen.

Sina Schmidt dokumentiert das Projekt schriftlich. Die einzelnen Kapitel der Dokumentation sind aufgeteilt und den entsprechenden Projektschritten im Buch zugeordnet. Die fachlichen Inhalte des Buches werden also durch die Story des Kommunikationsprojekts für die digitale Bibliothek flankiert und veranschaulicht.

#1 DAS PROJEKT INITIALISIEREN

Projektinitialisierung im Überblick

Interne Kommunikationsaufgaben sind in den letzten Jahren komplizierter geworden und brauchen in Zeiten des Wandels viel Fingerspitzengefühl. Die interne Kommunikation geht deswegen neue Wege, und eine systematische Projektarbeit weist die Richtung.

Ein Projekt zu initialisieren, zu konzipieren, zu planen und zu steuern, bedeutet für die Beteiligten im Unternehmen mehr Arbeitsaufwand. Damit das Projekt ohne Reibungsverluste und Umwege abläuft, der Arbeitsaufwand minimiert wird, muss jedes interne Kommunikationsprojekt geprüft und mit Umsicht initialisiert werden.

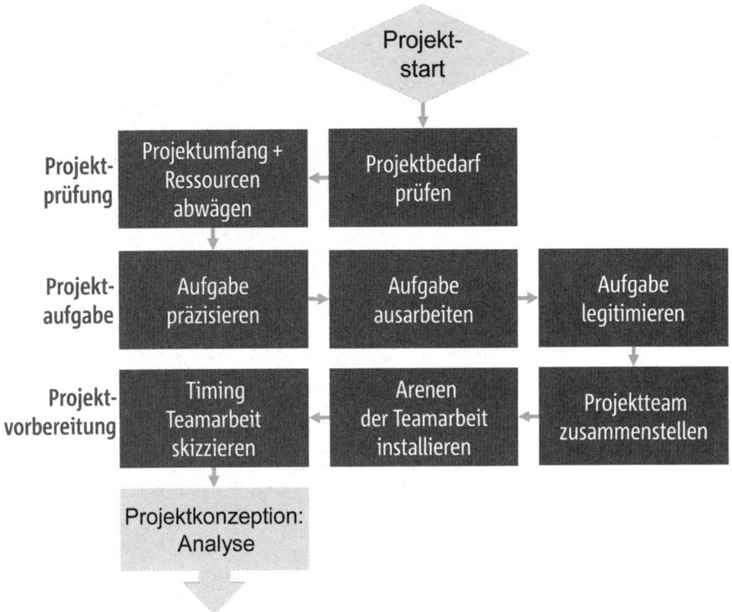

Abbildung 5: Die Initialisierung im Überblick

Projekt oder kein Projekt? Zuallererst prüft die interne Kommunikationsmanagerin, ob der Start eines Projekts überhaupt gerechtfertigt ist und Erfolg verspricht. Dazu bestimmt sie den Projektgegenstand und den Grad der Dringlichkeit. Sie schätzt den zu erwartenden Projektumfang, setzt ihn in Relation zu den vorhandenen Ressourcen und trifft eine erste grundsätzliche Vorentscheidung. Fällt die Entscheidung für ein Projekt positiv aus, präzisiert die Managerin die Projektaufgabe, sodass klar ist, was passieren soll, und lässt sie von der zuständigen Führungsebene im Haus genehmigen.

Sobald das Kommunikationsprojekt grünes Licht hat, beginnen die Vorbereitungen: Das Projektteam wird zusammengestellt, die notwendigen Arenen und Instrumente des Teamworks bestimmt und der zeitliche Ablauf grob terminiert. Danach ist alles startklar. Das Projektkonzept kann in Angriff genommen werden.

Die Projektprüfung

Projektbedarf prüfen

Die interne Kommunikationsmanagerin arbeitet im Alltag mit vielen Routinen. Gemeint sind Mittel und Maßnahmen, die sich im Haus fest etabliert haben und regelmäßig zum Einsatz kommen. Alle Beteiligten wissen, was zu tun ist, und wickeln die notwendigen Prozesse versiert ab. Doch irgendwann werden sie mit Situationen und Aufgaben konfrontiert, die mit den üblichen Routinen nicht zu bewältigen sind und anders angegangen werden müssen. In solchen Fällen ist zu prüfen, ob ein Kommunikationsprojekt erforderlich ist. Ein Projekt steht für Änderung, für Weiterentwicklung, und durchbricht die Routinen. Es entwickelt ein neu- oder andersartiges Vorgehen, das innerhalb eines bestimmten Zeit- und Ressourcenrahmens realisiert wird.

Da Projekte erhebliche finanzielle und personelle Ressourcen verbrauchen, machen es sich die Beteiligten mit der Projektentscheidung nicht leicht. Gelegentlich wird in der Chefetage oder einer Fachabteilung ein Problem erkannt und der Ruf nach einem Projekt laut, jedoch stellt sich bei näherem Hinsehen heraus, dass in der ersten Aufregung die Tragweite des Problems überschätzt wurde und sich der Projektaufwand nicht lohnt. Nicht alle Kommunikationsprobleme benötigen ein Projekt. Deswegen gibt es für jede neue Projektidee eine kritische Prüfung, deren Hürden hoch sein sollten.

Abbildung 6: Checkliste Projektbedarf

Zuerst wird Grund in die Sache gebracht und der **Projektauslöser** bestimmt. Zu unterscheiden sind Probleme als negative Auslöser und Chancen als positive Auslöser. Beispielsweise nutzen die Mitarbeitenden das neue digitale Archiv nicht. Das ist ein Problem. Oder die Chefin wurde zur Unternehmerin des Jahres gewählt. Das ist eine Chance.

Der Auslöser bestimmt den **Projektgegenstand** – und den beschreibt die interne Kommunikationsmanagerin als Nächstes. Der Gegenstand bezeichnet das, worauf sich die Kommunikation bezieht. Das Spektrum der möglichen Projektgegenstände ist groß. Es kann das Unternehmen selbst sein oder ein neues Produkt, eine Person, ein Thema, ein Prozess, eine Vorschrift, eine Idee, eine angestrebte oder unerwünschte Verhaltensweise. Mit der Festlegung auf den Projektgegenstand grenzen die Beteiligten ein, was dazugehört und was nicht. Nehmen wir das Beispiel mit dem digitalen Archiv. Ist der Projektgegenstand das digitale Archiv selbst oder die dahinterstehende Wissensmanagement-Offensive? Gehört zum digitalen Archiv nur die Desktop-Version oder soll gleichzeitig die für nächstes Jahr geplante App-Version einbezogen werden? Oft ist die Antwort auf die Frage nach dem Projektgegenstand simpel und naheliegend. Bisweilen lohnt es sich, genauer abzuwägen, denn die Eingrenzung des Gegenstands hat Wirkungen auf Umfang und Inhalt des Kommunikationsprojekts.

Aus dem Gegenstand leitet sich die **Projektaufgabe** ab. Zum jetzigen Zeitpunkt geht es nur darum, die Aufgabe der internen Kommunikation grob zu umreißen: Die Akzeptanz des neuen digitalen Archivs soll erhöht oder das interne Image der Chefin gestärkt werden. Später kommen die Beteiligten auf die Aufgabe zurück, präzisieren und optimieren sie.

Die interne Kommunikationsmanagerin kennt jetzt Auslöser, Projektgegenstand und die einzuschlagende Aufgabenrichtung. Um auf der Basis den Projektbedarf und die Dringlichkeit zu bestimmen, zieht sie eine Reihe von Kriterien zur Bewertung heran. Nur wenn hinter der Mehrzahl ein Haken steht, wird das Projekt weiter verfolgt:

→ **Aktualität** – Das Kommunikationsproblem oder die Kommunikationschance ist akut und entwickelt sich dynamisch. Es erscheint deswegen ratsam, schnell und entschlossen zu reagieren. Alles wie gewohnt weiterlaufen zu lassen und die üblichen Routinemaßnahmen einzusetzen, wäre fahrlässig.

→ **Priorität** – Das Problem stellt eine echte Bedrohung dar. Oder die Chance ist eine einmalige Gelegenheit. Führung und Fachabteilung sind nervös und verlangen eine Reaktion. Das potenzielle Projekt steht oben auf der

Agenda, und der Handlungsbedarf wird von allen Beteiligten hoch eingeschätzt.

- → **Eignung** – Bei der Projektaufgabe handelt es sich um eine Kommunikationsaufgabe: Sie lässt sich mit Mitteln der Kommunikation angehen und liegt im Verantwortungsbereich der internen Kommunikation. Dagegen lehnt die Kommunikationsmanagerin Projekte entschlossen ab, zu deren Problemlösung sie nur wenig beitragen kann. In der Sicherheitsabteilung des Hauses haben die Mitarbeitenden unzählige Überstunden angesammelt. Eine Führungskraft scheint überfordert, die Kündigungsquote der Abteilung schnellt in die Höhe. In dieser Situation wären andere Kompetenzen gefragt. Die interne Kommunikation würde wenig bewirken, vielleicht sogar Schaden anrichten.

- → **Umfang** – Nicht für jedes Problem oder jede Chance ist ein Projekt erforderlich. Ein Projekt braucht eine gewisse Mindestgröße, bei der mehrere etablierte und neue Kommunikationsmaßnahmen im Verbund zum Einsatz kommen. Reicht zur Information über veränderte Öffnungszeiten des Personalbüros eine Rundmail an alle, dann benötigt die überschaubare Aufgabe kein eigenes Projekt. Soll der Standort des Personalbüros gewechselt und der Umzug mit einem Bündel von Kommunikationsmaßnahmen begleitet werden, dann ist ein internes Kommunikationsprojekt Pflicht.

- → **Routinegrad** – Die Kommunikationsaufgabe mag zwar großes Format haben und viel Engagement erfordern, aber die Beteiligten kennen sich bestens aus, haben feste Erfahrungswerte und Routinen, die Realisierung der Aufgabe ist eine sichere Sache. Daraus ein vollumfängliches Projekt mit allen Arbeitsschritten zu machen, wäre übertrieben.

- → **Führungsakzeptanz** – Das Projekt hat reale Chancen, in der Führungsetage Zustimmung zu finden. Vielleicht muss die Kommunikationsmanagerin vorher Überzeugungsarbeit leisten, aber die notwendige Akzeptanz scheint möglich. Der Versuch lohnt sich.

Gewarnt sei vor zu vielen Kommunikationsprojekten, die parallel laufen. Kämpft die interne Kommunikationsmanagerin an zu vielen Fronten, dann leidet die Qualität. Zwei oder drei Projekte kann die interne Kommunikation handhaben, laufen fünf oder sechs Projekte gleichzeitig, wird es problematisch. Die Erfahrung zeigt, dass es besser ist, ein Projekt zeitlich zu schieben oder aufzugeben, als mit zu vielen Projektbällen gleichzeitig zu jonglieren, die Kontrolle zu verlieren und Bälle fallen zu lassen.

Digitale Bibliothek: Projektbedarf

Alles ist vorbereitet, die Bibliothek steht am Start. Stellt sich die Frage, ob die 700 elektronischen Bücher ein internes Kommunikationsprojekt rechtfertigen, zumal die interne Kommunikation an anderen Fronten unseres Unternehmens stark eingebunden ist.

Projektgegenstand ist die digitale Bibliothek. Die Projektaufgabe wurde vom Inhaber formuliert: Es soll alles Erforderliche getan werden, um die Mitarbeitenden für das neue Buchangebot zu interessieren.

Projektbedarf		
Aktualität	Die Bibliothek ist eine Chance, unser Unternehmen fit für die Zukunft zu machen. Sie steht bereit und wartet nur darauf, online zu gehen.	✓
Priorität	Keine Top-Priorität, denn die Chance ist nicht epochal. Aber unser Chef will Aktion sehen und zumindest die jungen Kollegen zeigen sich interessiert.	?
Eignung	Es handelt sich um eine interne Kommunikationsaufgabe. Der für die Bibliothek verantwortliche Weiterbildungsbeauftragte lässt uns freie Hand.	✓
Ausmaß	Es ist kein Großprojekt, aber die Neuheit und die mögliche Verweigerung älterer Kollegen verlangt ein konzeptionelles Vorgehen.	✓
Routinegrad	Das Projekt ist ungewöhnlich und fällt völlig aus dem Rahmen der internen Kommunikation von LudwigPlan.	✓
Führungs-akzeptanz	Roman Ludwig ist der eigentliche Motor. Er würde auf dem Projekt bestehen, falls in der Führungsrunde Zweifel angemeldet werden.	✓

Wir entschließen uns, das Projekt weiterzuverfolgen, allerdings nicht mit der obersten Priorität. Falls sich die Vorzeichen ändern und andere Kommunikationsfronten volle Aufmerksamkeit erfordern, wird die Bibliothekskommunikation hintenangestellt.

Projektumfang und Ressourcen abwägen

Die Kriterien sprechen eine deutliche Sprache: Die Projektaufgabe ist dringlich und sollte weiterverfolgt werden. Die bisherigen Informationen und Einschätzungen lassen Rückschlüsse auf den Umfang des Projekts zu. Handelt es sich um ein kompaktes Projekt, das mit überschaubarem Aufwand zu handhaben ist? Oder steht die große Version an, die viel Aufmerksamkeit und Kraft erfordert? Der vermutete Umfang wird in Relation zu den vorhandenen Ressourcen gesetzt. Stimmt die Balance, gibt es genügend Ressourcen, dann ist alles okay. Klaffen große Lücken, überlegt die Kommunikationsmanagerin, wie sie zu schließen sind.

Abbildung 7: Das Abwägen von Umfang und Ressourcen

Bei der Bestimmung des Projektumfangs in Relation zu den Ressourcen handelt es sich zu diesem frühen Zeitpunkt um grobe Schätzungen, die Kommunikationsmanagerin will sich eine Vorstellung verschaffen. Dabei geht es nicht nur um die Finanzen, auch alle anderen maßgeblichen Merkmale werden begutachtet:

→ **Finanzen** – Welche Budgetgrößenordnung ist für die Aufgabe notwendig und welche Mittel stehen realistisch bereit? Lässt sich genügend Budget aktivieren, um das Projekt zu konzipieren, zu planen und durchzuführen? Vor dem Start gibt es noch kein Konzept und damit ist nicht klar, welche Maßnahmen in welcher Intensität zum Einsatz kommen. Dennoch ist es zwingend notwendig, die ungefähre Größenordnung des Budgets zu schätzen und in Relation zum Projektumfang zu setzen. Stehen die beiden Seiten in keinem vernünftigen Verhältnis, dann muss der Umfang reduziert oder das Budget erhöht werden. Sind die zur Verfügung stehenden Budgetmittel viel zu knapp, ist zu prüfen, ob Mittel umgeschichtet werden können. Möglicherweise lassen sich Gelder aus einem anderen Topf für das interne Kommunikationsprojekt locker machen. So könnte eine digitale Infowand im Foyer über die Kostenstelle „Innenausstattung" finanziert werden, weil sie dauerhaft installiert wird. Alternativ wäre es denkbar, dass die externe Kommunikation einen Anteil trägt, denn auch Kunden und Geschäftspartner nehmen die innovative Wand im Foyer wahr. Budgetnot macht erfinderisch!

→ **Personal** – Wie viele und welche Mitarbeitende aus dem Haus sind voraussichtlich eingebunden? Stehen sie zur Verfügung? Zumeist sind auch die personellen Ressourcen knapp. Die interne Kommunikationsmanagerin steckt bis zum Hals in der Tagesarbeit und für das anstehende Kommunikationsprojekt gibt es kaum noch Reserven. Zudem soll ein Projektteam mit Mitarbeitenden aus mehreren Unternehmensbereichen zusammengestellt werden, deren Terminkalender gut gefüllt ist. Die Zeitknappheit macht es notwendig, das Projekt schlank zu halten. Das Team versteht sich als schnelle, wendige Eingreiftruppe, die Zeit spart und zielorientiert arbeitet.

→ **Know-how** – Die Aufgabe erfordert bestimmtes Fachwissen. Verfügen die beteiligten Mitarbeitenden über die entsprechenden Kenntnisse? Müssen externe Kräfte einbezogen werden? In manchen Unternehmen herrscht die Auffassung, dass in der internen Kommunikation möglichst alles mit Bordmitteln zu erledigen ist. Kenntnis- und Erfahrungslücken führen bisweilen zu dilettantischen Ergebnissen. Da soll erstmals ein Podcast realisiert werden, was noch keiner im Haus je gemacht hat. Egal, es wird probiert – und das Ergebnis hört sich an wie aus der Blechdose – und führt zu viel Spott bei den Zuhörenden.

→ **Zeit** – Wieviel Zeit muss in das Projekt gesteckt werden? Über welchen Zeitraum läuft es? Passt der Zeitaufwand in die sonstige Planung des Hauses? Viele Kommunikationsprojekte haben Zeitvorgaben, die in der Natur der Kommunikationsaufgabe liegen und deshalb für das Team fix sind. Wenn der CEO aus den Vereinigten Staaten zu Besuch in die deutsche Niederlassung kommt, ist der Termin vorgegeben, die gesamte Zeitplanung hat sich danach zu richten. Wenn jedes Jahr im Frühjahr die Produktneuvorstellungen vorbereitet werden, haben die Vorbereitungen höchste Priorität. Alle im Unternehmen sind voll eingespannt, sodass in dieser Zeit für andere Projekte kaum Reserven bleiben. Eine weitere kritische Ressource sind die offenen Zeitfenster der Führung. Im Regelfall ist die Führung nicht direkt an Konzeption und Planung beteiligt. Sie wird nur an bestimmten Entscheidungspunkten hinzugezogen. Bei Projekten, die unter Termindruck stehen und schnell laufen müssen, kann es kritisch werden, wenn die relevanten Entscheider im betreffenden Zeitraum nicht zur Verfügung stehen. Wir erleben Projekte, die sich über Monate hinziehen, weil die Chefinnen oder Chefs es nicht schaffen, den Planungsstand zu begutachten und zu genehmigen.

→ **Sachmittel** – Welche vorhandenen Mittel aus dem Unternehmen oder von Partnern stehen zur Verfügung? Im Haus gibt es z. B. einen Infostand, den die interne Kommunikation für eine Aktion nutzen könnte.

Oder ein Tochterunternehmen besitzt eine eigene professionelle Videokamera, die für einen Videoclip geliehen wird.

→ **Qualitätsanspruch** – Wie ideenreich, akkurat und umsichtig muss gearbeitet werden? Reicht der übliche Standard oder ist besondere Qualität gefragt? Ermöglichen die vorangegangenen Merkmale die gewünschte Qualität? Die interne Kommunikation setzt sich einen bestimmten Qualitätsanspruch und legt großen Wert darauf, dass der Anspruch in der großen Kommunikationslinie wie im kleinen Umsetzungsdetail eingehalten wird.

Nachdem Projektumfang und Ressourcen in Relation gesetzt, alle Möglichkeiten des Ausgleichs durchgespielt wurden, klaffen möglicherweise große Lücken, die den Erfolg des Kommunikationsprojekts gefährden. In der Situation bleibt nur eins, die Lücken werden in der anschließenden Präzisierung der Aufgabe offen dokumentiert, mögliche Auswege skizziert und die Führung muss entscheiden.

Digitale Bibliothek: Ressourcen prüfen

Da die Bibliothek eine Herzensangelegenheit unseres Chefs ist, dürfte es nicht am Budget scheitern. Probleme bereiten eventuell die personellen Ressourcen, denn der Weiterbildungsbeauftragte, die Intranet-Verantwortliche und die Kommunikationsprofis aus der Marketingabteilung sind ausgelastet und nur bedingt einsetzbar. Es könnte darauf hinauslaufen, eine eventuelle Kompetenz-Lücke mit externen Profis zu füllen. Das Projekt muss schnell anlaufen, denn die Bibliothek ist startklar. Ein Klick genügt, und sie steht im Intranet online.

Die Projektaufgabe

Aufgabe präzisieren

Die grobe Aufgabenrichtung für das Projekt wurde bereits entworfen, sie gibt den Beteiligten eine ungefähre Vorstellung. Das reicht nicht aus, denn ohne eine konkret ausgearbeitete Aufgabe mit allen maßgeblichen Rahmenbedingungen kann die Führungsebene keine Projektentscheidung treffen und die Projektarbeit kann nicht starten.

Wir stellen fest, dass in vielen Unternehmen nicht klar zwischen Aufgaben und Zielen unterschieden wird. Die Beteiligten verwenden beide Begriffe synonym. Es gibt eine gewisse Verwandtschaft, aber in der Anwendung deutliche Unterscheidungsmerkmale. Die Kommunikationsaufgaben („Tasks“) umreißen die spezifischen Anforderungen an die interne Kommunikationsarbeit. Sie sind generell formuliert und stellen eine Handlung heraus. Die Kommunikationsziele („Goals“) konkretisieren den angestrebten Zustand, den die Kommunikation zu einem definierten Zeitpunkt in der Zukunft erreicht haben soll. Aufgaben und Ziele sind also Verwandte, weil die Aufgabenstellung Voraussetzung für die spätere Zielsetzung ist. Die Aufgabe ist sozusagen der grobe unbehauene Klotz, aus dem innerhalb des strategischen Teils der Projektkonzeption die Ziele fein und spitz herausgearbeitet werden.

Ein Beispiel soll den Unterschied von Aufgabe und Ziel verdeutlichen. Die Aufgabe hat der Chef in der wöchentlichen Vorstandssitzung formuliert, in dem er sich beschwert: „Schon seit Wochen ist tote Hose im Intranet! Kaum Traffic, ich will, dass da wieder Leben reinkommt.“ – Daraufhin leitet das Projektteam in der Konzeptionsphase aus der Aufgabe das passende Ziel ab: „Zum Ende des Geschäftsjahres hat unser Intranet bei den Mitarbeitenden in der Verwaltung sowie in der Produktion mindestens 50 % mehr Views mit einer durchschnittlichen Sitzungsdauer über 1,5 Minuten erreicht.“

Die Aufgabe entwickelt sich aus einem vorhandenen Problem oder einer Chance. Je nach der Natur des Problems oder der Chance kann es sich um eine kurzfristige, schnell greifende oder um eine langfristig angelegte Aufgabe handeln. Eine Aufgabe mit kurzfristigem Horizont wäre das überraschende Ausscheiden des altgedienten CFOs zum Ende des Monats, das die interne Kommunikation geschickt flankieren soll, sodass in der Belegschaft keine Irritationen entstehen. Eine langfristige Herausforderung wäre die systematische Kommunikationsarbeit zur nachhaltigen Etablierung eines neuen Unternehmensleitbilds bei den Mitarbeitenden.

Woher stammt die Kommunikationsaufgabe? In der Praxis kann sie aus vier unterschiedlichen Quellen kommen:

→ **Führung** – Die Aufgabe wird von der Führungsebene des Hauses formuliert. Von oben wird gesagt, wo es lang gehen soll.

→ **Fachabteilung** – Sie kommt aus den relevanten Fachabteilungen des Unternehmens, die ein Kommunikationsproblem haben und dringend eine Lösung brauchen.

→ **Mitarbeitende** – Engagierte Mitarbeitende erkennen ein Problem oder eine Chance. Sie melden sich zu Wort und regen die Aufgabe an.

→ **Interne Kommunikation** – Die interne Kommunikationsmanagerin stellt sich die Aufgabe selbst. Sie hat Kommunikationsbedarf erkannt und reagiert darauf.

Die reine Lehre verkündet, dass die Projektaufgaben stets von der Führungsebene vorgegeben werden, weil das ein elementarer Bestandteil der Führungsfunktion ist. Die Praxis der internen Kommunikation lehrt etwas anderes. Bei manchen Unternehmen kommen kaum Aufgaben von oben. Die Geschäftsführung hat andere Sorgen und die interne Kommunikation nicht auf dem Schirm. Bei anderen erfolgt die Aufgabenstellung von oben zwar regelmäßig, aber spontan und diffus formuliert. Die Beteiligten müssen die Aufgabe erst greifen und in eine feste Form bringen. Andererseits gibt es Unternehmen, bei denen die interne Kommunikation von oben mit Aufgaben regelrecht überflutet wird: Aus jedem Problem entsteht eine Aufgabe. Ganz gleich welche Variante zutrifft, in allen Fällen wird von der internen Kommunikationsmanagerin ein kluges Aufgabenmanagement gefordert. Sie darf die Aufgaben nicht – wie schlechtes Wetter – als gegeben hinnehmen, sondern muss sie mit System sichten und bewerten.

Häufig weist die ursprüngliche Aufgabe substanzielle Mängel auf, die korrigiert werden müssen, damit das Projekt nicht ins Schlingern kommt und womöglich im Abseits landet. Hinter jeder Kommunikationsaufgabe steht ein Problem oder eine Chance als Auslöser. Die Auftraggeber im Haus haben jedoch oft Schwierigkeiten, dem Auslöser auf den Grund zu gehen: Sie verwechseln Symptom und Ursache und kommen mit der Aufgabe nicht auf den Punkt. Die gängigen Aufgabenmängel sind:

→ **Die Projektaufgabe ist kurzsichtig** – Der Auftraggeber fordert: „Unsere neuen Sprachkurse für die Betriebsangehörigen finden kaum Resonanz. Wahrscheinlich haben die Kolleginnen und Kollegen das noch nicht mitgekriegt. Macht die Kurse mal überall im Haus bekannt!" Bei der Überprüfung der Aufgabe stellt sich heraus, dass die mangelnde Resonanz ihren Ursprung nicht in der Bekanntheit hat, sondern in der fehlenden Akzeptanz für das internationale Engagement des Unternehmens. Das Problem ist also essenzieller und lässt sich mit einem höheren Bekanntheitsgrad der Kurse nicht lösen. Die interne Kommunikationsmanagerin muss Weitsicht beweisen und mit der Aufgabe das Kernproblem ins Blickfeld rücken.

→ **Die Projektaufgabe ist unrealistisch** – „Alle 80.000 Kolleginnen und Kollegen weltweit sollen die bahnbrechenden Einsatzmöglichkeiten unseres neuen Know-how-Pools kennenlernen und nutzen!" – „Wie viel Budget steht zur Verfügung?" – „Wozu brauchen Sie da einen Etat! Es reicht doch völlig, wenn Sie die Leute übers Intranet informieren." – Die

Kommunikationsaufgabe verlangt das Unmögliche, interne Kommunikation kann keine Wunder vollbringen. Folglich muss entweder zuerst das nötige Budget freigekämpft oder die Aufgabenstellung auf den Boden des realistisch Machbaren heruntergeholt werden.

→ **Die Projektaufgabe ist übergewichtig** – „Mehr Nutzer für unser neues Qualifizierungsangebot finden, aber auch das Image unserer Weiterbildungsakademie verbessern und außerdem den hohen Krankenstand senken sowie ...". Es folgt eine Aufzählung von weiteren Aufgaben. Die Chefetage hat alles reingepackt, was ihr rund um die Mitarbeitenden auf der Seele brennt. Geht die interne Kommunikation mit einem Projekt zu viele Probleme an, dann löst sie am Ende kein Problem richtig. Daher muss sich die Aufgabenstellung auf das Wesentliche konzentrieren, um der Kommunikationsarbeit eine klare Richtung und ausreichende Schlagkraft zu geben.

→ **Die Projektaufgabe lässt sich nicht greifen** – „Irgendwie missfallen mir diese diffusen Change-Gerüchte im mittleren Management. Damit muss Schluss sein, da muss euer Kommunikationsprojekt klare Kante reinbringen." Wie bitte? Was meint der interne Auftraggeber damit? Bevor es an die Projektarbeit geht, wird das eigentliche Problem identifiziert und die Aufgabe scharf gezogen.

→ **Die Projektaufgabe überfordert die interne Kommunikation** – „Entwickeln Sie eine interne Werbekampagne, damit die neuen E-Cars von den Kundenberatern für Geschäftstermine genutzt werden!", lautet die Aufgabe. Bei genauerem Hinsehen zeigt sich, dass die E-Cars nicht allein über interne Werbung durchzusetzen sind. Es gibt substanziellere Ursachen für die mangelnde Fahrzeugnutzung, die nicht in Reichweite der internen Kommunikation liegen. Bei den E-Cars sind das beispielsweise die weit abgelegenen Parkplätze und die häufig defekten Ladestationen. Die gestellte Aufgabe überfordert die Handlungsspielräume der Kommunikation. Damit das Projekt erfolgreich angegangen werden kann, müssen entweder die ursächlichen Probleme gelöst oder die Aufgabe auf den Verantwortungsbereich der Kommunikation trennscharf eingegrenzt werden.

Aufgabe ausarbeiten

In jedem Fall gilt, dass die interne Kommunikationsmanagerin ein Projekt nicht allein initiieren kann. Sie muss von den Vorgesetzten oder der zuständigen Fachabteilung beauftragt werden, bevor sie durchstartet. Die eigentliche Aufgabenstellung besteht in der Regel aus nicht mehr als ein oder zwei ausformulierten Sätzen. Um eine tragfähige Grundlage für die Entscheider zu schaffen, verpackt die Managerin die Aufgabenstellung in ein kurzes Exposé. Mit dem Dokument verdeutlicht sie der Leitungsebene und den betroffenen Abteilungen die wichtigen Eckpunkte des anstehenden Kommunikationsprojekts. Das Ergebnis ist eine Art internes „Verkaufspapier" von maximal zwei Seiten, das folgende Bestandteile hat:

→ **Ausgangslage als Basis** – Einleitend steht ein zusammenfassendes Profil der aufgabenrelevanten Ist-Situation im Unternehmen. Welche Probleme und Chancen liegen dem Kommunikationsprojekt zugrunde?

→ **Resultierende Aufgabenstellung** – Aus der Ausgangslage leiten sich eine oder mehrere konkrete Aufgaben ab. Es handelt sich um Aufgaben, die mit Mitteln der internen Kommunikation zu bewältigen sind. Übergeordnete Aufgaben, die nicht allein in der Verantwortung der internen Kommunikation liegen, sind als solche zu kennzeichnen. Falls die formulierte Aufgabenstellung von den ursprünglichen Erwartungen der auftragserteilenden Stelle abweicht, müssen die Abweichungen begründet werden.

→ **Prämissen** – Für jedes Projekt gibt es fixe Vorgaben, an denen kein Weg vorbeiführt. Das kann eine Etatvorgabe sein oder ein bestimmter Termin, zu dem die Kommunikation startet. Die maßgeblichen Prämissen werden im Exposé erfasst.

→ **Nutzen des Projekts** – Die Auftraggeber wollen auf jeden Fall wissen, was das Projekt am Ende einbringt. Was ist der Nutzen für das Unternehmen, die Mitarbeitenden und, nicht zu vergessen, für die Auftraggeber selbst? Das Exposé arbeitet den Nutzen klar heraus. Für eine Nennung von konkreten, in Zahlen messbaren Erfolgsindikatoren ist es allerdings noch zu früh, auch sollte das Nutzenversprechen nicht übertrieben werden. Realismus hilft dem Projekt mehr als vollmundige Versprechungen, die hinterher nicht einzuhalten sind.

→ **Vorgehensweise** – Die interne Kommunikation erfasst im Exposé stichwortartig die wesentlichen Koordinaten des anstehenden Projektprozesses: Zeitrahmen, Arbeitsschritte, erforderliche Ressourcen, Nutzung vorhandener Mittel, kritische Stellen und ähnliche Parameter.

→ **Schnittstellen** – Nur selten wird eine einzelne Person das Projekt allein durchziehen. Welche Mitarbeitenden und Abteilungen werden einbezogen? Was müssen die Beteiligten einbringen? Wie arbeiten alle zusammen? Eventuell braucht es externe Verstärkung.

→ **Ressourcen** – Welcher Einsatz an Budget, Zeit und Personal ist erforderlich? Lässt sich das Projekt mit dem vorhandenen Etat der internen Kommunikation stemmen oder sind Sondermittel notwendig? Welche personellen Kräfte werden wie intensiv gebunden? Es ist nicht erforderlich, die Ressourcen im Detail darzustellen. Eine realistische Größenordnung sollte aber erkennbar sein. Falls es große Lücken zwischen Projektumfang und vorhandenen Ressourcen gibt, arbeitet die Kommunikationsmanagerin diese klar heraus. Sie macht konkrete Vorschläge, wie sie zu schließen sind, damit die Führung eine Entscheidung treffen kann.

Digitale Bibliothek: Aufgaben-Exposé

Ausgangslage
Unsere Branche befindet sich im rasanten Wandel, die Anforderungen steigen und wir müssen Schritt halten. Internationale Konzerne drängen aggressiv auf den deutschen Markt und kaufen Konkurrenten auf. Die Gefahr wächst, gegen die großen Player nicht bestehen zu können.

Aufgabe
Unser Projekt konzipiert und realisiert eine schnell umzusetzende Kommunikationsaktion, die der digitalen Bibliothek einen erfolgreichen Start bei allen Mitarbeitenden sichert.

Prämissen
- Der Start der Kommunikation erfolgt so schnell wie möglich.
- Alle Standorte und Bereiche sind einbezogen, niemand fühlt sich benachteiligt.
- Die Vorschriften des Urheber- und Lizenzrechts werden beachtet.

Nutzen des Projekts
Wir motivieren die Mitarbeitenden sich weiterzubilden, um auf den aktuellen Wissensstand zu kommen. Dadurch steigt die Überzeugungskraft im persönlichen Gespräch mit den Kunden und die Performance auf der Baustelle. Zugleich können wir die Bibliothekskommunikation nutzen, um die Aufbruchstimmung im Unternehmen zu fördern. Die Bibliothek ist erst der Anfang. Wir sind auf dem Weg hin zu LudwigPlan 4.0.

Im nächsten Jahr lässt sich eine erfolgreich etablierte Bibliothek als Highlightthema für die externe Kommunikation einsetzen. Denn bisher hat niemand in der Branche ein vergleichbares Angebot für die Mitarbeitenden.

Vorgehensweise
Das Projektteam formiert sich in der nächsten Woche und beginnt sofort mit der Arbeit. Im ersten Schritt werden wir ein Kommunikationskonzept vorlegen und abstimmen. Das Konzept konzentriert sich auf Maßnahmen, die zügig zu gestalten und zu realisieren sind. Dazu nutzen wir vorrangig die bereits vorhandenen Instrumente der internen Kommunikation. Die Kommunikationsaktion für die Bibliothek kann dann in etwa zwölf Wochen starten.

Schnittstellen
Wir planen, die Intranet-Verantwortliche und den Weiterbildungsbeauftragten in das Projektteam einzubeziehen. Um lange Anfahrten und schwierige Abstimmungsprozesse zu vermeiden, werden wir ausschließlich Berliner Kolleginnen und Kollegen ins Team holen. Das fertige Projekt wollen wir auf dem Führungskräftetreffen Ende Mai präsentieren.

Ressourcen
Aus dem Budget für interne Kommunikation werden 18.000 Euro für das Projekt bereitgestellt. Da wir im Schwerpunkt vorhandene Instrumente nutzen, rechnen wir nicht mit darüber hinausgehenden finanziellen Belastungen.

Aufgabe legitimieren

Das Exposé ist fertiggestellt. Falls andere Abteilungen des Unternehmens vom anstehenden Projekt direkt betroffen sind, stimmt die interne Kommunikationsmanagerin den fertigen Entwurf zuerst mit den Verantwortlichen in den betreffenden Abteilungen ab. Die Abstimmung stellt sicher, dass das Projekt dort ausreichend Zustimmung findet und im weiteren Prozess nicht angegriffen wird.

Das intern abgestimmte Exposé wird danach nicht einfach als schriftlich formulierte Entscheidungsunterlage kommentarlos nach oben weitergereicht. Unbedingt zu empfehlen ist eine mündliche Vorstellung und Erläuterung. Die Kommunikationsmanagerin lässt sich dafür einen Termin geben. Es braucht nicht viel Zeit, schon zwanzig Minuten bis eine halbe Stunde reichen aus. Der Termin sollte möglichst so gelegt werden, dass die Gesprächspartner aus der Führung nicht unter Zeitdruck stehen und das Kommunikationsprojekt zwischen zwei Telefonaten mit einem Ohr zur Kenntnis nehmen, hastig durchwinken oder abschmettern.

Während des Gesprächstermins wird das Exposé mit den wichtigen Eckpunkten in wenigen Minuten vorgestellt. Die restliche Zeit steht für das abstimmende Gespräch bereit. Erfahrungsgemäß brauchen Entscheider feste

Ankerpunkte, um sich entscheiden zu können. Ideale Anker sind beweiskräftige Fakten, die schlüssig wirken und sich gut anfühlen. Die Präsentation des Exposés läuft direkt auf einen solchen Ankerpunkt zu. Zum Beispiel: Die Kommunikationsaufgabe lautet, der ausufernden Meeting-Flut im Haus mit kommunikativen Maßnahmen Einhalt zu gebieten. Für die Aufgabe wird ein sinnlich fassbarer Anker geworfen: „Bei uns verbringen die Führungsebenen gut zwei Drittel ihrer Bürozeit in Meetings. Durch gezielte Kommunikation mit Tipps zur Straffung von Besprechungen lassen sich kurzfristig mehrere Stunden pro Führungskraft und Woche für andere Tätigkeiten freimachen." So etwas leuchtet sofort ein und legitimiert das Projekt.

Nach der Kurzvorstellung des Projekts stellt die Führung Fragen, hat Anmerkungen oder Einwände. Ziel des Gesprächs ist grünes Licht für das Projekt. Falls es noch Einwände gibt, werden sie im Dialog entkräftet oder angemessen in einer überarbeiteten Version des Aufgabenexposés berücksichtigt. Anschließend ist das interne Kommunikationsprojekt genehmigt und kann starten.

Falls das Projekt durchfällt, gilt es, die Ursachen zu erforschen, um daraus zu lernen. War das Projekt grundsätzlich unnötig oder in seiner Konstruktion falsch angelegt? War die mündliche Präsentation mangelhaft und ist es nicht gelungen, die Inhalte schlüssig rüberzubringen? Oder hatte einfach nur der Chef einen schlechten Tag? In manchen Fällen kann es sich lohnen, nicht aufzugeben, sondern mit einem überarbeiteten Projekt einen neuen Anlauf zu wagen.

Ein Hinweis noch: Auch wenn das Aufgaben-Exposé verabschiedet wurde, ist es nicht zu 100 % fix. Innerhalb agiler Projekte kann es später zu Veränderungen und Optimierungen der Kommunikationsaufgabe kommen. Sollten in der konzeptionellen Analysephase neue Erkenntnisse auftauchen, so kann die Aufgabe erneut geprüft und angepasst werden. Bis zum Abschluss der Analysephase ist eine Änderung der Aufgabenstellung möglich.

Die Projektvorbereitung

Projektteam zusammenstellen

Ein internes Kommunikationsprojekt ist heutzutage kein Solo mehr, das von der Managerin für die interne Kommunikation weitgehend allein konzipiert, geplant und durchgeführt wird. So sind wir es aus der Vergangenheit gewohnt, aber diese einsame Art der Projektarbeit hat sich überholt.

Wir empfehlen, interne Kommunikationsprojekte im Teamwork zu organisieren. Teams bringen es in der Summe auf mehr Ideen, Erfahrungen und Kompetenzen. Allerdings sind Teams keine Selbstläufer. Der Zusammenstellung und Führung des Teams kommt eine hohe Bedeutung zu, denn die richtige Mannschaft wirkt wie ein Turboantrieb für das Projekt, das falsche Team führt dagegen zu Zeitverlust und Frust. Nachdem die Kommunikationsaufgabe abgesegnet und der Auftrag für das Projekt erteilt ist, werden mit der Teambildung wichtige Weichen für die Projektarbeit gestellt.

Zuerst legt die interne Kommunikationsmanagerin fest, wie groß das Team wird und welche Mitarbeitenden einsteigen. Was die Teamgröße angeht, gibt eine viel zitierte Aussage von Jeff Bezos die Richtung vor. Man setze nur so viele Leute in ein Projektteam, wie mit einer großen Jumbopizza satt werden. Eine Pizza muss reichen! Dem können wir nur zustimmen. Die richtige Teamgröße liegt zwischen drei und sieben Personen. Darüber wird es kritisch. Erfahrene Projektleiter schaffen es, bis zu zwölf Leute unter einen Hut zu bringen. Aber alles, was über diese Grenze hinausgeht, führt zu immensen Reibungs- und Zeitverlusten. Gleichzeitig sinkt die Qualität der Ergebnisse, mehr Teammitglieder bringen nicht mehr, sondern weniger Qualität.

Manche Projekte bilden gleich mehrere Teams. Da gibt es ein Strategieteam, ein Umsetzungsteam sowie einen beratenden Fachausschuss und dazu eine Steuerungsgruppe, um alles zu dirigieren. Um Himmels willen! Solche bürokratischen Monster lehnen wir für die interne Kommunikation ab. Ein einziges Projektteam übernimmt die Aufgabe und marschiert – mehr nicht.

Bei der Teamzusammensetzung orientieren wir uns an den Methoden von Scrum und Kanban, ohne sie akkurat zu übernehmen. Die beiden Methoden des Projektmanagements wurden ursprünglich für die Prozesssteuerung der Autoindustrie und die Softwareentwicklung eingesetzt. Die interne Kommunikation funktioniert völlig anders als Autos oder Software, aber die flexible und hierarchiefreie Grundidee passt gut zur Kommunikation und kann Konzeption, Planung und Steuerung voranbringen.

Damit die gemeinsame Projektarbeit reibungslos abläuft, müssen mehrere Positionen mit den passenden Personen besetzt werden:

→ **Projektauftraggeber** – Das sind im Normalfall ein oder mehrere Vertreter der Leitungsebene. Sie gehören nicht zum eigentlichen Team, das durchgehend am Projekt arbeitet. Vielmehr werden die Auftraggeber bei entscheidenden Weichenstellungen des Projekts hinzugezogen, um den Kurs zu bestätigen oder zu korrigieren. Außerdem informiert das Team die Auftraggeber ausreichend über den Stand der Dinge. Es sieht sie als interne Kunden.

→ **Projektleiter** – Er ist Lotse, Moderator und talentierter Kommunikator des Projekts, aber keinesfalls Führer und Entscheider. Er steuert die Abläufe und leitet das Team an, greift ein, wenn die Teamarbeit methodisch oder inhaltlich vom Kurs abdriftet, aber auch, wenn die Gruppenchemie nicht mehr stimmt und neue motivierende Impulse nötig sind. Wahrscheinlich wird die interne Kommunikationsmanagerin das Projekt leiten, das liegt nahe, ist aber kein Gesetz. Die Rolle kann auch von einem anderen geeigneten Teammitglied mit gruppendynamischen Talenten übernommen werden.

→ **Projektexperte** – Jedes Kommunikationsprojekt hat einen Projektgegenstand. Der Gegenstand kann simpel und für jeden verständlich sein, er kann aber auch viel spezielles Know-how voraussetzen, das teilweise schwierig zu durchschauen ist. Geht es in einem Projekt darum, neue Regeln für Compliance im Haus zu kommunizieren, dann braucht das Team einen Spezialisten in seinen Reihen, der das Regelwerk verstanden hat und weiß, wo die Chancen und Stolperfallen liegen.

→ **Projektteam** – Zu unterscheiden sind ständige Teammitglieder, die durchgehend das Projekt begleiten, und temporäre Mitglieder, die nur in einzelnen Abschnitten dabei sind. So wird die interne Kommunikationsmanagerin ständig mitarbeiten, während der technische Administrator für das Intranet nur an Bord kommt, wenn es um seinen speziellen Bereich geht.

Die Teamzusammensetzung spiegelt mitnichten den Abteilungsproporz des Unternehmens wider. Das Team darf nicht zum machtpolitischen Gremium werden, bei dem einzelne Abteilungsleiter versuchen, ihre starke Position im Haus zu zementieren. Machtansprüche und Hierarchien bleiben draußen, alle sind gleichberechtigt. Die Regel gilt auch für die Managerin der internen Kommunikation. Ihre Linien- oder Stabsverantwortung darf nicht dazu führen, dass sie die Teamarbeit nach ihren Vorstellungen dominiert. Eigene Ideen und Meinungen sind erlaubt, ja sogar erwünscht, aber sie müssen im gleichberechtigten Teamdialog eine Mehrheit finden.

Das Projektteam sollte unkonventionell und divers zusammengesetzt werden. Diverse Teams bringen mit ihren vielfältigen Sichtweisen mehr Frische in das Kommunikationsprojekt. Da wird zum Beispiel eine Auszubildende eingeladen, weil sie für ihre guten Einfälle bekannt ist, oder eine neu eingestellte Mitarbeiterin, weil sie noch nicht den Tunnelblick hat. Alles ist möglich, so lange die Obergrenze der Teamgröße nicht überschritten wird. Selbstverständlich bestimmt auch der Projektgegenstand die Zusammensetzung. Ein Projektteam, das sich um die Ansprache der Auszubildenden kümmert, darf kein Durchschnittsalter von über 50 Jahren aufweisen. Ein Team, das neue Hygieneregeln in der Produktion kommunizieren will, sollte nicht allein mit Kollegen und Kolleginnen aus der Verwaltung besetzt sein.

Kontraproduktiv sind zudem Pessimisten und Egoisten. Bei der Zusammenstellung der Gruppe finden wir es legitim, potenzielle „Störer" bei der Teamzusammenstellung präventiv auszuschließen. Ein Team gerät in große Schwierigkeiten, sobald ein Mitglied bei jeder Idee abwinkt: „Haben wir schon gemacht. Hat nicht funktioniert!" Oder ein Teammitglied spielt sich ständig in den Vordergrund und bremst die Projektarbeit mit langatmigen Monologen aus.

Können Führungskräfte mitwirken? Ja, durchaus, wenn sie im Team nicht als Führungskraft auftreten, sich vielmehr in die Gruppe einfügen. Allerdings fällt das vielen schwer. Wir erleben Teams, bei denen alle Mitglieder erst einmal abwarten, was der Chef oder die Chefin sagt, und ihre eigenen Beiträge daran ausrichten. So etwas ist für die Teamarbeit tödlich. Aus dem Grund empfehlen wir, die Führungsetage im Regelfall aus dem Kernteam herauszuhalten. Die Führung ist Auftraggeber und interner Kunde, aber nur in begründeten Einzelfällen Teammitglied.

In bestimmten Situationen denkt die interne Kommunikationsmanagerin darüber nach, einen externen Experten als Moderator einzubeziehen. Das kann zweckmäßig sein, falls aufgrund von Erfahrungen damit zu rechnen ist, dass sich das interne Team in Detaildiskussionen verbeißt oder unversöhnliche Fronten bildet. In diesem Fall kann eine neutrale Moderation von außen wie eine Befreiung wirken und der Gruppe die nötige Schubkraft geben.

Externe lassen sich nicht nur als Moderatoren einsetzen, sie können auch als Projektexperten ins Team eintreten. Der externe Experte verfügt über ein bestimmtes Fachwissen, das im Unternehmen fehlt, obwohl es für das anstehende Kommunikationsprojekt von hoher Bedeutung ist. Für das Unternehmen werden eine Reihe von internen Webinaren erstellt. Das Team soll ein Kommunikationsprojekt aufsetzen, um den Webinaren zum internen Erfolg zu verhelfen, aber niemand in der Runde hat Ahnung vom Medium Video. In der Situation holt die interne Kommunikationsmanagerin einen Webinar-Spezialisten an Bord, der mit seiner Expertise sicherstellt, dass die Kommunikation den richtigen Zuschnitt für die Videos bekommt.

Manchmal bitten Projektteams die beteiligten Experten, das fertige Projekt vor dem Entscheidergremium zu präsentieren. In vielen Unternehmen gilt der Prophet nichts im eigenen Land: den eigenen Mitarbeitenden wird prinzipiell widersprochen. In solchen Fällen steigen die Erfolgsaussichten, wenn außenstehende Experten mit ihrer Reputation im Rücken das Projekt vorstellen.

Digitale Bibliothek: Team

Die Zeit ist knapp und die Priorität des Projekts nicht exorbitant hoch, deshalb holen wir nur Mitarbeitende ins Team, die aus Berlin kommen, und halten das Team klein.

Unser Team besteht in der Konzeptionsphase aus sieben Mitgliedern, wird in der Planungs- und Realisierungsphase auf fünf Mitglieder heruntergefahren. Der externe Berater ist Spezialist für digitale Bibliotheken. Nach Auskunft der Geschäftsführung muss er nicht aus dem Kommunikationsbudget bezahlt werden.

Projektteam		
Auftraggeber	• Roman Ludwig, Leitender Geschäftsführer	nur in Reviews dabei
Projektleitung	• Sina Schmidt, Interne Kommunikation	
Projektexperte	• Oliver Neufeld, Spezialist E-Book-Marketing	externer Berater
Projektteam	• Melina Murat, Intranet	
	• Manuel Willkomm, Marketingkommunikation	
	• Lukas Michels, Weiterbildung	
	• Horst Tessner, Ingenieur, 25 Jahre in der Firma	in der Konzeption
	• Fabian Preuss, Praktikant, Architekturstudium	in der Konzeption

Arenen der Teamarbeit installieren

Wer öfter in Gruppen arbeitet, kennt die Tücken des Teamworks. Die Zusammenarbeit muss in Bahnen gelenkt werden, die geradeaus zum Ziel führen. Das Teamwork braucht Arenen. Sie müssen so aufgesetzt werden, dass sie die Produktivität der Gruppe erhöhen. Wenig Bürokratie, viel Freiraum und zugleich viel Zielstrebigkeit.

Durch Design Thinking, Kanban oder Scrum sind neue Arenen der Teamarbeit entstanden – von den Daily Stand-ups bis zur Retrospektive. Manche Methoden wie Scrum haben dafür ein komplexes Regelwerk mit festen Ritualen geschaffen, das teilweise schon religiöse Züge annimmt. Für die interne Kommunikation nutzen wir einige ausgewählte Methoden und Erkenntnisse des agilen Teamworks, sehen die Sache aber locker und beschränken die Regeln auf das Wesentliche.

Drei Arenen mit unterschiedlicher Funktionalität bilden die Basis der Teamarbeit in internen Kommunikationsprojekten. Die Arenen werden speziell für das Projekt installiert, nach Bedarf eingesetzt und zum Projektende wieder aufgelöst. Von institutionalisierten Plattformen wie jährlichen Strategietreffen, festen „Zukunftsteams" oder dauerhaften monatlichen Lenkungssitzungen halten wir nichts, denn so verkrustet die Projektarbeit und baut Bürokratie auf.

Die erste Arena ist der **Konzeptionsworkshop**. Im Workshop entwickelt die Kommunikationsmanagerin zusammen mit dem Projektteam das grundlegende Kommunikationskonzept. Dazu nabelt sich das Team vom Tagesgeschäft ab, steckt die Köpfe zusammen und arbeitet konzentriert an den Essentials der zukünftigen Projektkommunikation.

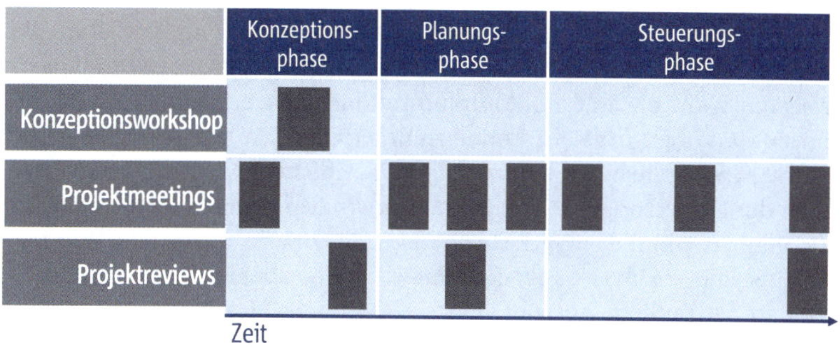

Abbildung 8: Drei Arenen der Projektarbeit

Der Konzeptionsworkshop dauert zwischen einem halben bis zwei Tagen, manchmal auch drei Tage. Längere Workshops beeinträchtigen die Konzeptionsqualität, denn die Teilnehmenden haben dann viel Zeit, sich an Einzelheiten festzubeißen und dabei die große Linie aus den Augen zu verlieren.

Alle Teammitglieder sind durchgehend anwesend, Störungen von außen werden vermieden. Bei ein- bis dreitägigen Workshops kann es sinnvoll sein, die Zusammenarbeit außerhalb der Unternehmensräume zu organisieren. Zum einen, um Störungen zu vermeiden, zum anderen, um die Bedeutung des Projekts zu unterstreichen. Der externe Veranstaltungsort macht den Workshop zu etwas Besonderem.

Der Ablauf des Konzeptionsworkshops besteht aus drei großen Konzeptionsschritten. Im ersten Schritt legen die Beteiligten die analytische Basis. Alle Teammitglieder haben im Vorfeld einen bestimmten Aspekt der Aufgabenstellung recherchiert. Jetzt stellen einzelne Mitglieder ihre Recherche-Ergebnisse in kurzen Präsentationen vor. Die Ergebnisse werden in der Runde diskutiert und in einem kompakten Lagebild zusammengefasst. Die Mitglieder nicken mit dem Kopf: Genau, da stehen wir!

Im zweiten Konzeptionsschritt nimmt das Team die Ergebnisse der Analyse als Orientierung und entwickelt daraus die strategischen Koordinaten für die Zukunft: Zielsetzung, Bezugsgruppen, Positionierung, Botschaften und Handlungsstrategie.

Im dritten Schritt skizzieren die Teammitglieder entlang der Strategiekoordinaten die Grundzüge der operativen Konzeption. Hier geht es nicht um Planungsdetails, sie kommen später. Im Vordergrund steht die Grundkonstellation von Kreation, Themen, Maßnahmen, Zeit, Erfolgskontrolle und Budget.

Die drei Schritte müssen nicht nonstop laufen. Bei normalen Kommunikationsprojekten reicht ein einziger Workshop-Termin, um Analyse, Strategie und operative Umsetzung in groben Zügen zu entwickeln. Bei aufwendigen Projekten kann die interne Kommunikationsmanagerin entscheiden, die Konzeptionsarbeit in zwei Termine zu unterteilen. Am ersten Tag läuft der Analyse- und Strategieteil, danach folgt mit zeitlichem Abstand von ein paar Tagen der Umsetzungsteil. Der Freiraum zwischen beiden Veranstaltungen wird genutzt, um die entwickelte strategische Linie zu überprüfen und mit den Entscheidern im Haus abzustimmen. Zwischen beiden Workshop-Terminen darf der zeitliche Abstand jedoch nicht zu groß werden. Ein paar Tage sind okay, die Obergrenze liegt bei einem Monat. Dauert die Pause länger, reißt die innere Verbindung zum Konzept, das Team hat Probleme, wieder ins Thema zu kommen.

Im Konzeptionsworkshop sitzt das gesamte Projektteam zusammen. In begründeten Fällen kann die Teamaufstellung geändert werden. Möglicherweise nehmen einzelne Teammitglieder nicht am Workshop teil, weil die konzeptionelle Arbeit auf der strategischen Ebene nicht ihr Ding ist. Sie steigen erst in Planung und Durchführung ein. Ein Beispiel: Bei einem Projekt gehört der Haustechniker zum Team. Aber da er gerade viel zu tun und zur strategischen Arbeit keinen Bezug hat, steigt er erst ein, wenn es in der Umsetzungsplanung um die Hausveranstaltungen geht. Andererseits kann das Team den Teilnehmerkreis um externe Gäste nur für den Konzeptionsworkshop erweitern. Auch hier ein Beispiel: Ein internes Kommunikationsprojekt soll allen Mitarbeitenden das neue Logistik-Management als Quantensprung nahebringen. Allerdings ist die Logistik-Materie so komplex, dass im Team niemand richtig durchblickt. Also kommt der externe Spezialist, der die Logistik-Einführung begleitet, als Experte dazu.

Das Ergebnis des Konzeptionsworkshops ist die grobe Skizze eines internen Kommunikationskonzepts auf Pinnwänden und Flipcharts. Sie wird dokumentiert, in dem das Team sie abfotografiert oder in ein Präsentations- oder Textdokument transformiert.

Die zweite Arena der Teamarbeit ist das **Projektmeeting**. Dabei handelt es sich um regelmäßige Arbeitstreffen des Teams, um den aktuellen Stand der Planung oder Steuerung zu bestimmen und weiterzuentwickeln. Die Meetings sind mit einer bis maximal drei Stunden angesetzt und werden straff geführt. Den Beginn markiert das Kick-off-Meeting. Das ist eine spezielle Form des Projektmeetings, bei dem sich das Team formiert, die Kommunikationsmanagerin das Projekt vorstellt und die Abläufe und Vorgehensweisen des Projekts besprochen werden.

An das Kick-off-Meeting schließen sich regelmäßige Projektmeetings an, bei denen über den jeweiligen Stand der Dinge gesprochen und die nächsten Arbeitsschritte eingeleitet werden. Tägliche Stand-up-Meetings wie beim Scrum wären für interne Kommunikationsprojekte überdimensioniert. Die Projektmeetings finden in der heißen Planungsphase einmal in der Woche, danach alle zwei bis vier Wochen statt. Uns fällt hier ein bekanntes Gemälde der Apostel ein, die zu Pfingsten vom Heiligen Geist beseelt werden, welcher als Flamme über ihren Köpfen schwebt. Für die Projektmeetings stellen wir uns ein ähnliches Bild vor. Über den Köpfen des Teams schwebt im Meeting die Flamme des Kommunikationskonzepts. Alle sind dem Konzept verpflichtet und orientieren sich daran. Es ist quasi die Seele des Projekts.

Einen Sonderfall stellt das abschließende Projektmeeting dar. Es ist ein Debriefing und findet als allerletzte Maßnahme zum Projektfinale statt. Das Debriefing schaut zurück auf die Projektaktivitäten, es analysiert Fehler und Erfolge. Mehr dazu am Schluss des Buches.

Die **Projektreviews** bilden die dritte Arena der Teamarbeit. Bei den Projektreviews gibt das Team Auskunft über den Arbeitsstand, informiert die Führungsebene und holt sich notwendige Genehmigungen ein. Das Review ist kurz, etwa eine Stunde lang, und findet in größeren zeitlichen Abständen an wichtigen Wendemarken des Projekts statt. Manche Kommunikationsmanagerinnen gehen allein ins Review, wir halten das für falsch. Das gesamte Team sollte den O-Ton der Auftraggeber hören und die Chance haben, darauf zu reagieren. Außer den Teammitgliedern sitzen beim Review mehrere Personengruppen im Raum. Die relevanten Vorgesetzten, die wissen wollen, wo das Projekt steht, um an den Wendemarken adäquate Kursentscheidungen treffen zu können. Dazu kommen die Fachabteilungen, deren Verantwortungsbereiche vom Projekt tangiert werden. Die Fachleute sollen auf den Stand schauen und fachliche Fehlentwicklungen erkennen. Zusätzlich können weitere Gruppen aus dem Unternehmen mit im Review sitzen, sofern Projektaufgabe und -gegenstand ihre Verantwortungsbereiche direkt berühren. Nehmen wir an, ein internes Kommunikationsprojekt tangiert die Belange des Datenschutzexperten im Unternehmen, der in einem Review ins Boot geholt wird. Oder die Antidiskriminierungsstelle des Unternehmens besteht bei einem anderen Projekt darauf, über die Entwicklung einer internen Diversity-Kampagne informiert zu werden.

Vor allem Workshop und Projektmeeting brauchen einheitliche Grundregeln, die alle Beteiligten kennen und an die sich alle halten. Die Regeln – verkürzt auf prägnante Schlagworte – werden in der Workshop-Einführung von der Kommunikationsmanagerin auf einem großen Poster für alle sichtbar an die Wand gehängt:

→ **Alle sind gleich** – Alle reden mit, es gibt keine Hierarchien und keine Privilegien. Auch teilnehmende Führungskräfte und die interne Kommunikationsmanagerin ordnen sich ein.

→ **Alle sind aktiv** – Workshop-Teilnehmende sind Problemlöser und keine Zaungäste. Die Teilnahme am Workshop heißt, konzentriert bei der Sache zu bleiben und mit ganzer Kraft mitzuwirken.

→ **Alle sind positiv** – Bedenken und Einwände sind ausdrücklich erwünscht, das darf aber nicht zu notorischer „Bedenkenträgerei“ führen. Die Grundhaltung der Teilnehmenden ist positiv, alle arbeiten konstruktiv an der Lösung mit.

→ **Alle fassen sich kurz** – Ausufernde Diskussionsbeiträge unterbleiben, auch werden keine langen Geschichten zum Besten gegeben. Kein Wortbeitrag ist über eine Minute lang. Wird die Zeit überschritten, hat die Projektleitung das Recht, den Redefluss zu unterbrechen.

→ **Alle sind präsent** – Der Termin der Veranstaltung ist im Kalender reserviert und so abgesichert, dass eine Teilnahme von der ersten bis zur letzten Minute garantiert ist. Die Teammitglieder sind durchgehend im Raum. Wer auch nur eine halbe Stunde draußen ist, verliert den Zusammenhang und braucht Zeit, wieder ins Thema zu kommen.

→ **Alle sind handyfrei** – Smartphones, Tablets oder Notebooks bleiben ausgeschaltet, denn ständige Ablenkungen gefährden die Konzentration. Niemand schaut auf eingehende Nachrichten oder beantwortet sie. Es gibt nur die laufende Veranstaltung und nichts als die laufende Veranstaltung.

→ **Alle sehen alles** – Alle wichtigen Ergebnisse werden schriftlich festgehalten – zum Beispiel auf Pinnwänden oder Flipcharts. Sie bleiben während der Veranstaltung hängen, sodass alle im Raum den Verlauf der Diskussion sehen und nachvollziehen können.

Die interne Kommunikationsmanagerin weist darauf hin, dass die Projektleitung befugt ist, auf die Einhaltung der Regeln zu achten und entsprechend einzugreifen. Bei schwierigen Gruppen ist es manchmal sogar hilfreich, sich die Zustimmung der Teilnehmenden zu den Regeln einzuholen.

In der Vergangenheit gingen wir davon aus, dass alle Arenen der Projektarbeit Präsenzplattformen sind. Das Team kommt zu Konzeptionsworkshop, Projekt-Meetings und Reviews in einem Raum zusammen. In der Corona-Krise 2020 wurde es überlebensnotwendig, umzudenken und sich für virtuelle Arenen der Zusammenarbeit zu öffnen. Projektmeetings finden seitdem zunehmend über Videokonferenz-Apps wie Zoom, GoToMeeting oder Webex statt. Das Kommunikationskonzept entsteht dann nicht mehr per Hand auf Flipcharts, sondern über die virtuellen Whiteboards von Collaboration-Apps wie Conceptboard, Mural und Miro. Und siehe da, es funktioniert! Einige Projektbeteiligte haben zwar Eingewöhnungsprobleme und kämpfen in den ersten Tagen mit den anwendungstechnischen Hürden der Apps. Aber nach kurzer Zeit sind alle dabei, und das Projekt geht zügig voran.

Dabei hat sich gezeigt, dass ein durchgehender virtueller Konzeptionsworkshop über mehrere Stunden die Konzentration des Projektteams überfordert. Stattdessen muss die Konzeption online in mehrere kleine Workshop-Meetings unterteilt werden. Die dazwischenliegenden konzeptionellen Arbeitsschritte werden von den Teammitgliedern solo oder in Mini-Teams auf dem virtuellen Whiteboard entworfen und als fertiger Vorschlag in die kurzen Meetings eingebracht und diskutiert.

Gehört die Zukunft der Projektarbeit dem virtuellen Teamwork? Wir rechnen mit einer Mischform von Präsenz- und Online-Format. Sobald Teams dezentral über mehrere Standorte, Städte oder Länder verteilt sind, bringt die virtuelle Projektarbeit unschlagbare Vorteile und dürfte sich dauerhaft durchsetzen. Aber selbst Teams, die in einem Haus sitzen, werden sich zukünftig zu allen Routine-Meetings virtuell treffen und nur zu den wichtigen Meilensteinen der Projektarbeit weiterhin in Präsenz-Arenen zusammenkommen.

Timing der Teamarbeit skizzieren

Erst im Verlauf des Projektprozesses bekommt die Zeitplanung eine zentrale Funktion. Am Anfang des Projekts ist eine genaue Terminierung nicht möglich, weil die Kommunikationsdramaturgie und die zum Einsatz kommenden Maßnahmen unbekannt sind. Das Team arbeitet diese Elemente erst in der anschließenden Konzeptionsphase aus. Zu Beginn stellt die Kommunikationsmanagerin lediglich ein genaues Timing der Konzeptionsarbeiten zusammen. Die Zeitübersicht definiert die wesentlichen Termine und Abläufe als Orientierung für das Team.

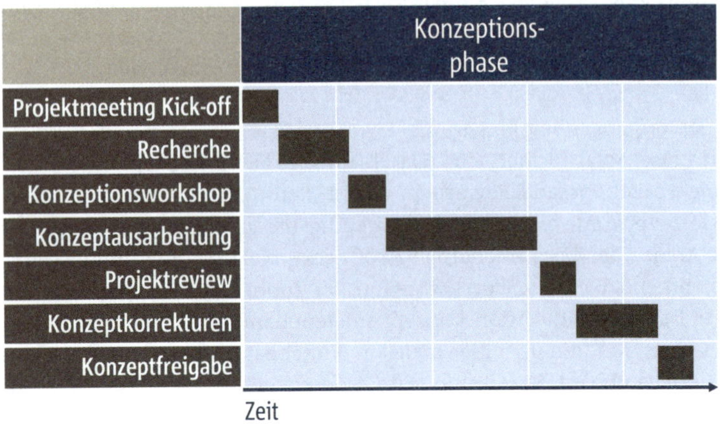

Abbildung 9: Das Timing der Konzeptionsphase

Die Pflichtbestandteile der Zeitübersicht erfasst die interne Kommunikationsmanagerin mit konkreten und intern abgestimmten Terminangaben:

→ **Projektmeeting Kick-off** – Das Projekt startet mit einem Meeting, das das Team instruiert und motiviert.

→ **Recherche** – Relevante Informationen werden gesammelt, gesichtet und übersichtlich sortiert.

→ **Konzeptionsworkshop** – Der Workshop läuft und das Team arbeitet das Konzept Schritt für Schritt aus.

→ **Konzeptausarbeitung** – Das Konzept wird als Text oder Präsentation dokumentiert.

→ **Projektreview** – Fachabteilungen und Führung sind über den Projektstand ins Bild zu setzen.

→ **Konzeptkorrekturen** – Das Team führt die im Review besprochenen Korrekturen durch.

→ **Konzeptfreigabe** – Das Kommunikationskonzept bekommt grünes Licht von der Führung.

Zusätzlich erfasst werden feste zeitliche Vorgaben, nach denen sich das Team unbedingt zu richten hat – zum Beispiel der von der Führung vorgegebene Starttermin einer internen Kommunikationskampagne oder der Gründungstag des Unternehmens, zu dem eine Jubiläumsveranstaltung für die Mitarbeitenden stattfinden soll.

Digitale Bibliothek: Timing Konzeption

Die Zeit drängt! Zum jetzigen Zeitpunkt können wir nur die Konzeptionsphase des Projekts genau terminieren. Für die Konzeptionsvorbereitung inklusive Informationssammlung und Analyse kalkulieren wir sechs Wochen. Der Konzeptionsworkshop ist auf einen Tag angesetzt, die Präsentation vor dem Auftraggeber findet Anfang April statt. Wir gehen von überschaubaren Korrekturen und einer Genehmigung in der ersten Hälfte April aus, sodass die Konzeption Mitte des Monats abgeschlossen ist.

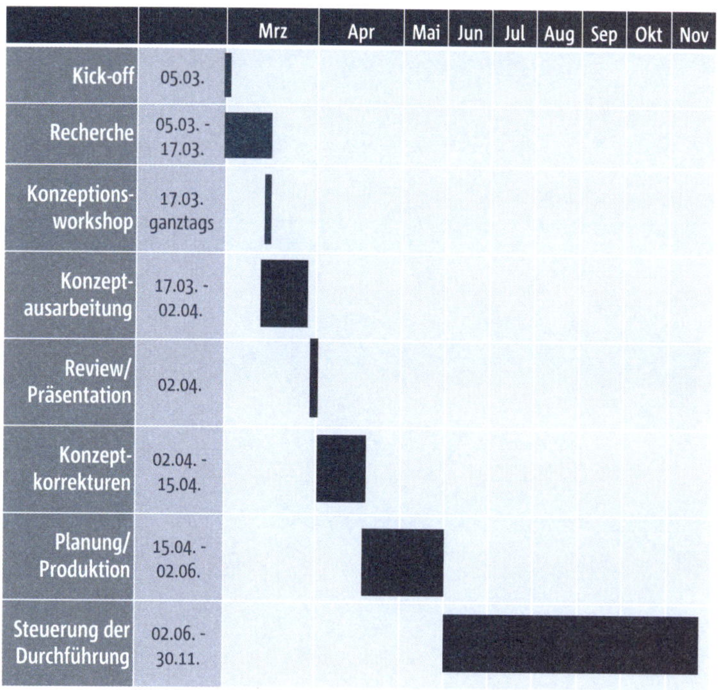

Wie geht es danach weiter? Planung und Produktion laufen ebenfalls sechs Wochen. Die Kommunikationsaktion für die digitale Bibliothek startet Anfang Juni und läuft sechs Monate bis zum Beginn der Weihnachtszeit. In dieser Zeit kann es zu Anpassungen und Weiterentwicklungen des Kommunikationskonzepts kommen. Wir müssen hier bei Bedarf schnell reagieren.

Eine Fortsetzung der Kommunikation im Folgejahr ist denkbar. Dazu analysieren wir die Ergebnisse der Erfolgskontrolle, erkennen den Handlungsbedarf und entwickeln auf dieser Basis ein neues Konzept. Um ausreichend Vorbereitungszeit zu haben, sollte die Entscheidung über eine Fortsetzung spätestens im Oktober getroffen werden.

#2 DAS PROJEKT KONZIPIEREN: ANALYSE

Analyse im Überblick

Während der konzeptionellen Analyse schaut das Projektteam genau hin. Alle relevanten Informationen intern aus dem Unternehmen und extern aus dem Umfeld werden gesammelt, sortiert und auf die wichtigen Fakten konzentriert. In diesem Prozess darf das Team nichts Wesentliches übersehen, denn fehlende Fakten bedeuten blinde Flecken im Konzept. Das Ergebnis der Analyse ist ein übersichtliches Lagebild als Landkarte für den strategischen Kurs, der danach festgelegt wird.

Leider kommt die Analyse in der Projektpraxis oft zu kurz. Die interne Kommunikationsmanagerin kennt Unternehmen und Mitarbeitende, ist seit Jahren im Thema und fest davon überzeugt, dass sie mit ihrer Erfahrung keine aufwendige Analysearbeit bräuchte. Diese Auffassung ist weitverbreitet, aber gefährlich. Jeder im Unternehmen bekommt mit der Zeit einen Tunnelblick, die Wirklichkeit wird nur in Ausschnitten und zum Teil verzerrt wahrgenommen. Wer dennoch darauf verzichtet, die Ausgangssituation gründlich zu analysieren, der riskiert, dass sein Kommunikationskonzept und damit das gesamte Projekt nicht fundiert ist und in der Umsetzung schnell ins Rutschen gerät. Deshalb ist für jedes Projekt eine gründliche Analyse erforderlich.

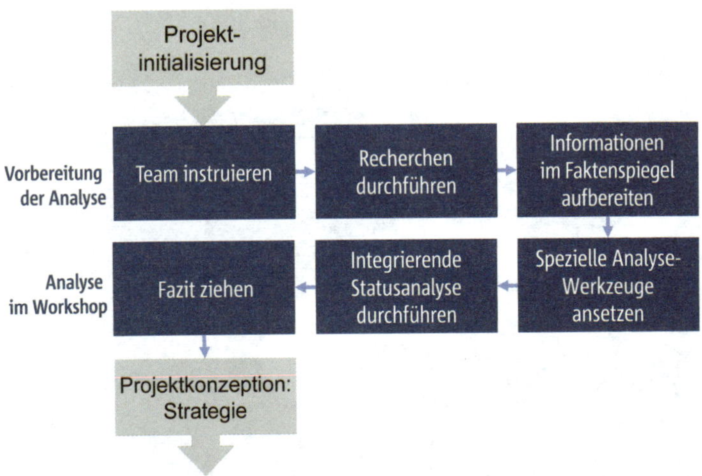

Abbildung 10: Der Ablauf der Analyse

Die Analyse-Vorbereitung beginnt mit dem Kick-Off-Meeting, bei dem die Kommunikationsmanagerin das Team instruiert und die Recherche-Jobs verteilt. Im Anschluss starten die Teammitglieder ihre Recherchen. Sie sammeln alle für das Projekt relevanten Informationen, bereiten sie im Faktenspiegel auf und präsentieren sie dem Team. Das Ergebnis der Recherche zeigt, an welchen Stellen Gefahren oder positive Optionen liegen. Haben diese

Stellen hohe Bedeutung, werden spezielle Analysen durchgeführt. Die Ergebnisse der Informationssammlung und der speziellen Analysen fließen in die integrierende Statusanalyse ein, die ein möglichst übersichtliches Bild der Ist-Situation zeichnet. Das abschließende Fazit bringt die Situation auf den Punkt und leitet in die Strategie über.

Die Vorbereitung der Analyse

Team im Kick-off instruieren

Zum Kick-off-Meeting trifft das Projektteam das erste Mal zusammen. Bei wichtigen Projekten nimmt zusätzlich der Auftraggeber teil. Er macht keine Vorschriften. Seine Rolle ist es vielmehr, mit wenigen Worten die Intention des Projekts herauszustellen und dem Team das Vertrauen auszusprechen.

Das erste Zusammentreffen soll sachlich informieren und zugleich emotional anspornen. Die interne Kommunikationsmanagerin moderiert. Sie gibt einerseits die vorhandenen Fakten zu Projektgegenstand, -aufgabe und -ablauf an die Gesprächsrunde weiter, andererseits macht sie gute Stimmung. Es entsteht ein Gefühl des Aufbruchs, alle bekommen richtig Lust, am Projekt mitzuarbeiten, und sind vom Erfolg überzeugt. Das Meeting ist zwischen einer und zwei Stunden lang und hat in etwa folgende Agenda:

→ **Begrüßung** – und einführende motivierende Worte der Projektleitung

→ **Vorstellungsrunde** – falls sich einzelne Teammitglieder nicht kennen

→ **Projektpräsentation** – Projektprofil mit maßgeblichen Fakten darstellen

→ **Projektrollen** – zeigen, wie sich im Team die Aufgaben verteilen

→ **Inhaltliche Fragen** – der Teilnehmenden zum Projekt

→ **Grundlegende Kommunikationsregeln** – für die Projektarbeit im Team

→ **Projektablauf** – mit einem ersten Überblick der zeitlichen Dramaturgie

→ **Organisatorische Fragen** – zu Rollen, Regeln und Arbeitsschritten

→ **Start der Recherche** – mit Verteilung der Rechercheaufgaben ans Team

→ **Abschluss** – mit Feedback der Mitglieder und Fazit der Teamleitung

Da bekanntlich der erste Eindruck prägt, hat das Kick-off-Meeting einen hohen Einfluss auf den weiteren Projektverlauf. Ist das Meeting mangelhaft vorbereitet, die Moderation uninspiriert und die Stimmung flau, bekommt das Projekt gleich zum Start einen schlechten Ruf. Eine gründliche Vorbereitung sei deshalb angeraten. Dabei sollte sichergestellt werden, dass der Kick-off die Teammitglieder aktiv einbezieht und immer wieder zu Wort kommen lässt. In der Runde entsteht gleich beim ersten Treffen Teamgeist.

Recherchen durchführen

An das Kick-off-Meeting schließt sich die Informationssammlung an. In dieser Arbeitsphase sucht und sondiert das Team aufgabenrelevante Daten, Fakten und Hintergrundinformationen zu Projektgegenstand und -aufgabe, zu tangierenden Bereichen im Unternehmen und im externen Umfeld. Bei der Suche und Sondierung kommt es darauf an, dass die Teammitglieder auf Distanz zu ihren bisherigen Ansichten und Urteilen gehen, neu ansetzen und das Bild der Ist-Situation aus einer neutralen Position entwickeln.

Da es sich nicht um eine wissenschaftliche Arbeit, sondern um ein internes Kommunikationsprojekt handelt, muss nicht in aller Gründlichkeit bis ins kleinste Detail recherchiert werden. Das Projektteam konzentriert sich auf die wesentlichen Informationen und zieht den Rechercheprozess zügig durch.

Die interne Kommunikationsmanagerin bezieht das komplette Team in die Informationssammlung ein, alle suchen mit. Um schnell ans Ziel zu kommen, erstellt das Team zuerst einen Rechercheplan. Der Plan bringt System in die Sammlung. Er legt fest, welche Projektprobleme drängend sind, welche Recherchejobs sich daraus ergeben, wer den Job übernimmt und wie viel Zeit ungefähr investiert wird. Ein Beispiel: Bei einem Projekt, das sich um Kommunikation für das Homeoffice dreht, spricht das erste Teammitglied mit den Pilot-Mitarbeitenden, die das Homeoffice nutzen. Das zweite Mitglied wertet aktuelle Studien zum Thema aus. Das dritte erkundigt sich in der Rechtsabteilung über arbeitsrechtliche Probleme. Alle werden aktiv, und der Aufwand bleibt für jeden überschaubar. Der Endtermin der Recherchen ist vorgegeben, sie müssen zu Beginn des Konzeptionsworkshops abgeschlossen sein. Im Workshop liegen die Ergebnisse komplett vor.

Die Rechercheaufgaben werden so verteilt, dass die Beteiligten sich auf Themen konzentrieren, von denen sie aufgrund ihrer Arbeit Ahnung und aufgrund ihrer Stellung im Haus die richtigen Kontakte haben. Um die Validität der Informationen sicherzustellen, sind alle mit beweiskräftigen Fakten zu untermauern. Handelt es sich bei einzelnen Infos um Meinungen oder subjektive Erfahrungswerte, sind diese zu kennzeichnen.

Problematisch sind Recherche-Gespräche mit Führungskräften. Manche Teams neigen zum Weg des geringsten Widerstands: „Was die Chefs sagen, ist richtig!" – Nein, das ist falsch! Ein gutes Projektteam ist der Realität und Klarheit verpflichtet. Es beugt sich nicht vorhandenen Machtverhältnissen im Unternehmen. Stößt das Team auf überraschende Daten und Fakten, die nicht der offiziellen Linie des Hauses entsprechen, dann fließen sie ins Projekt ein. Sie dürfen keinesfalls unter den Teppich gekehrt werden.

Die Informationssammlung erfolgt in drei Richtungen. Der wesentliche Teil der Recherche fokussiert sich auf Fakten, die sich direkt auf das Projekt beziehen. Hinzu kommen Recherchen, die das unternehmensinterne Umfeld und die externe Außenwelt unter die Lupe nehmen, soweit sie Berührungspunkte mit dem Projekt haben.

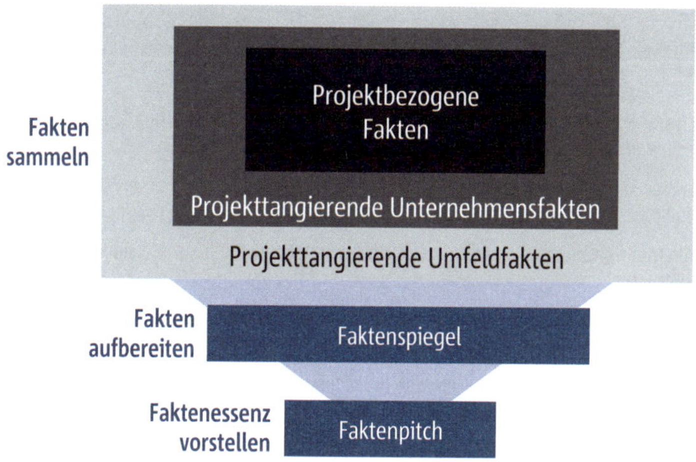

Abbildung 11: Die Elemente der Recherche

In allen drei Richtungen erfolgt die Recherche vorrangig auf dem sekundären Weg. Es wird bereits vorhandenes Material gesammelt, weil dies weniger Zeit kostet. Zur sekundären Recherche gehört die Beschaffung und Auswertung von verfügbaren Konzepten, Strategiepapieren, Studien, Reports, Memos, Sachberichten und mehr – digital oder klassisch auf Papier, aus dem Unternehmen oder aus externen Quellen.

Ergänzend hinzu kommt der primäre Weg, bei dem die Teammitglieder die Informationen selbst eruieren. Die Kommunikationsmanagerin sollte großen Wert auf primäre Recherchen legen, auch wenn sie im Vergleich zur Sekundärrecherche zeitaufwendiger sind. Die primäre Recherche bringt das Team an die Front und in Berührung mit der Realität der Projektaufgabe.

Typische Primärrecherchen sind Interviews mit Vorgesetzten und Mitarbeitenden, Online-Befragungen im Intranet, Runde-Tisch-Gespräche mit Kolleginnen und Kollegen oder der Gedankenaustausch mit anerkannten externen Fachleuten.

Digitale Bibliothek: Recherche

Eine umfangreiche Recherche halten wir aufgrund des Zeitdrucks und der begrenzten Projektpriorität für unangemessen. Unsere Nachforschungen konzentrieren sich auf das Wesentliche und stellen Einstellung und Verhalten der Bezugsgruppen in den Vordergrund.

Rechercheplan				
	Problem	Job	Verantwortlich	Zeit
1.	Einstellung 2. Führungsebene unbekannt	Interview Bereichs- und Standortleiter	Sina Schmidt	5 Std.
2.	Fehlende Erfahrung mit digitaler Bibliothek	Best-Practise-Beispiel anderer Branchen, Nutzungsprognose	Oliver Neufeld	7 Std.
3.	Akzeptanzprobleme Intranet	Auswertung Nutzungsstatistik	Melina Murat	3 Std.
4.	Mögliche Werbung im Intranet (Video, Banner)	Klärendes Gespräch mit Administrator, Sichtung Intranet-Dokumentation	Melina Murat	4 Std.
5.	Abgrenzung/Synergien externe Kommunikation	Auswertung der aktuellen Jahresplanung	Manuel Willkomm	2 Std.
6.	Interesse Weiterbildung bei Mitarbeitenden	Auswertung der Statistiken aller Weiterbildungskurse	Lukas Michels	5 Std.
7.	Fachliche Qualität der Bibliothek	Sichtung und Beurteilung des Bestands	Horst Tessner	3 Std.
8.	Einstellung älterer Kollegen zur Bibliothek	Gespräche mit Kollegen und Kolleginnen	Horst Tessner	6 Std.
9.	Nutzungsverhalten Smartphone, Notebook	Gespräche mit Kollegen und Kolleginnen	Fabian Preuss	4 Std.

Alle Teammitglieder fassen die Ergebnisse Ihrer Recherchearbeit in einem kurzen Bericht zusammen. Die Berichte stehen den Beteiligten online zur Verfügung, genauso wie das zugrundeliegende Material.

Das Team recherchiert vor allem intern im Unternehmen, das externe Umfeld wird angemessen einbezogen. Die Bedeutung der Außenwelt für die interne Kommunikation darf nicht unterschätzt werden. Draußen kann das Team neue Einsichten gewinnen, die einen wertvollen Beitrag zur internen Problemlösung bringen. Bei einem Projekt zur Bekanntmachung des neuen Zielmanagements OKR (Objectives and Key Results) hat das Team Best-Practise-Beispiele aus anderen Unternehmen angeschaut, in den entsprechenden Diskussionsforen von XING oder LinkedIn nachgefragt und ein Skype-Interview mit einem OKR-Experten aus Leipzig geführt.

Recherche ist immer, lautet ein Leitsatz der Projektarbeit. Denn mit dem Abschluss der Informationssammlung ist die Recherche nicht abgeschlossen. Das Team hält weiterhin die Antennen ausgefahren. Sobald in der weiteren Konzeption, der Planung oder der Steuerung neue Erkenntnisse auftauchen, fließen sie in die Projektarbeit ein. Neue aktuelle Entwicklungen können jederzeit das Lagebild und damit die Kommunikationskonzeption verändern.

Informationen im Faktenspiegel aufbereiten

Jedes Teammitglied ist für die selbstständige Aufbereitung seines Recherchethemas verantwortlich. Die Ergebnisse der Informationssammlung werden dokumentiert, damit sie für jeden nachprüfbar sind. Die Aufbereitung erfolgt am besten digital – direkt in der Team-App oder in einem Notizprogramm wie „Notizen" von Apple oder „OneNote" von Microsoft. Das Team sammelt nicht nur Textunterlagen, auch Videoclips, Tondokumente, Präsentationen, Infografiken und Fotos werden erfasst. Die Teammitglieder arbeiten ihre gesammelten Informationen durch, treffen eine Vorauswahl, sortieren Redundantes und Unwichtiges aus, bis eine strukturierte und komprimierte Sammlung aller für die Projektaufgabe relevanten Fakten übrigbleibt. Die fertige Auswahl nennt sich Faktenspiegel. Die Faktenspiegel der Teammitglieder werden so kurz wie möglich gehalten und stellen den „puren Stoff" dar. Neben Texten und Bildern enthalten sie auch Links zu ergänzenden projektbezogenen Dokumenten.

Die Teammitglieder bekommen im Vorfeld des Konzeptionsworkshops alle Faktenspiegel in ihr digitales Postfach, mit der Verpflichtung, sie vorher durchzuarbeiten. Die Spiegel werfen in der Summe ein aufschlussreiches Bild auf die Ist-Situation. Entscheidend ist, dass zu Beginn des Konzeptionsworkshops alle relevanten Informationen vorliegen, die Lücken geschlossen und Unklarheiten beseitigt sind. Während des Workshops dürfen die Teilnehmenden beim Blick in die Faktenspiegel keinesfalls überrascht feststellen: „Oh, das ist jetzt aber blöd, dazu fehlt uns total der Durchblick!"

Nach Abschluss der Recherche kann der Konzeptionsworkshop beginnen. Am Morgen des Workshops begrüßt die Kommunikationsmanagerin die

Runde und stellt die Regeln für die gemeinsame Arbeit vor. Damit diese im Gedächtnis bleiben, hat sie die wesentlichen Richtsätze auf einem Flipchart erfasst und hinter sich an die Wand gehängt.

Dann wiederholt die Managerin die anstehende Projektaufgabe mit den wichtigen Prämissen, damit alle die Aufgabe während des gesamten Workshops vor Augen haben. Als Nächstes präsentieren die Teammitglieder ihre Recherche-Ergebnisse in drei- bis fünfminütigen Faktenpitches. Fragen, Einwände und inhaltliche Ergänzungen der anderen sind erwünscht. Vor den geistigen Augen der Teilnehmenden vervollständigt sich mit jedem Pitch das Lagebild.

Digitale Bibliothek: Faktenspiegel

- **Aufgabe:** Erfolgreicher Kommunikationsstart der neuen digitalen Bibliothek
- **Recherche:** Sina Schmidt
- **Problem:** Einstellung der zweiten Führungsebene unbekannt
- **Vorgehen:** 2 Telefoninterviews Standortleiter, 1 direktes Gespräch Bereichsleiter

Fakten

- 26 der 28 Führungskräfte (Teilnehmende der Führungskräfterunde) sind männlich, die jüngste ist 34, die älteste Kraft 64 Jahre alt. Bis auf drei Ausnahmen sind alle über zehn Jahre im Unternehmen.
- Die zweite Führungsebene scheint über Zweck und Qualität der digitalen Bibliothek nur oberflächlich informiert zu sein, viele wichtige Einzelheiten sind unbekannt.
- Die Befragten kennen die Buchtitel der Bibliothek nicht. Allgemein ist das Interesse an Fachliteratur gering.
- Alle Befragten haben in den letzten zwölf Monaten nicht ein einziges Fachbuch zur Weiterbildung in die Hand genommen. Es fehlt an Zeit, sagen sie.
- Der neuen digitalen Bibliothek stehen sie ambivalent gegenüber. „Es gibt im Moment Wichtigeres", lautet die Aussage. Keine Begeisterung, die Einstellung ist aber auch nicht ablehnend.
- Wie schätzen die Damen und Herren die Sichtweise der anderen Führungskräfte ein? Sie vermuten, dass es keine Gegner der Bibliothek gibt, bisher waren keine negativen Stimmen zu hören.
- Eine der drei befragten Führungskräfte liest bisweilen privat E-Books. Die anderen haben damit keine Erfahrung, aber auch keine Berührungsängste.

- Die Einstellung zur digitalen Zukunft ist verhalten positiv. Die befragten Führungskräfte meinen, dass sich die neue Technik durchsetzen wird, es aber besser sei, erst einmal abzuwarten.
- Es wurde auf das Führungskräftetreffen im Mai hingewiesen. Das Programm sei dicht, aber das Treffen wäre eine gute Plattform zur Vorstellung der Bibliothek.

Schlussfolgerung
Die digitale Bibliothek gehört nicht zum „Relevant Set" der 28 Führungskräfte. Sie interessieren sich nicht für das Thema, sind aber auch nicht negativ eingestellt. Keiner spricht es offen aus, aber im Subtext ist zu vernehmen: „Ein Spleen des Chefs!"

Die Analyse im Workshop

Spezielle Analyse-Werkzeuge ansetzen

Bis hier sprechen wir von Analyse-Vorbereitung, jetzt beginnt die eigentliche Analyse. Nach den Präsentationen der Faktenspiegel diskutiert das Team die Lage und identifiziert Schlüsselstellen innerhalb des Lagebildes. Gemeint sind Gefahrenstellen und Sackgassen, an denen die Kommunikation scheitern könnte, oder Vorfahrtsstraßen, die das Kommunikationsprojekt schneller voranbringen. Das Team identifiziert die maßgeblichen Stellen und untersucht, ob sie gut ausgeleuchtet sind oder noch im Dunkeln liegen. Alle Schlüsselstellen im Dunkeln müssen unbedingt transparent gemacht werden. Spezielle Analyse-Werkzeuge setzen punktgenaue Schlaglichter, schauen genau hin und sorgen für die nötige Klarheit an den maßgeblichen Stellen.

Der Einsatz der speziellen Analyse-Werkzeuge ist eine Kann-Lösung. Bei manchen Kommunikationsprojekten sind alle Schlüsselstellen ausreichend beleuchtet, dann verzichtet das Team auf die Spezialwerkzeuge. In jedem Fall gehen die Mitglieder sparsam mit den Werkzeugen um. Im Workshop werden sie nur eingesetzt, wenn es notwendig ist und echte Erkenntnissprünge zu erwarten sind. Eine oder zwei Analysen sind machbar, bei mehr besteht die Gefahr, dass der Einsatz den Zeitrahmen des Workshops sprengt.

Der Werkzeugkasten ist groß, für die Analyse hat das moderne Kommunikationsmanagement zahlreiche Tools entwickelt. Viele Analyse-Werkzeuge kommen ursprünglich aus der externen Kommunikationsarbeit und wurden für die Anwendung im Feld der internen Kommunikation modifiziert. Wir stellen nachfolgend vier der nützlichsten Tools vor, auf die wir in unseren Workshops immer wieder zurückgreifen. Sie setzen ihren Hebel an unterschiedlichen Stellen an.

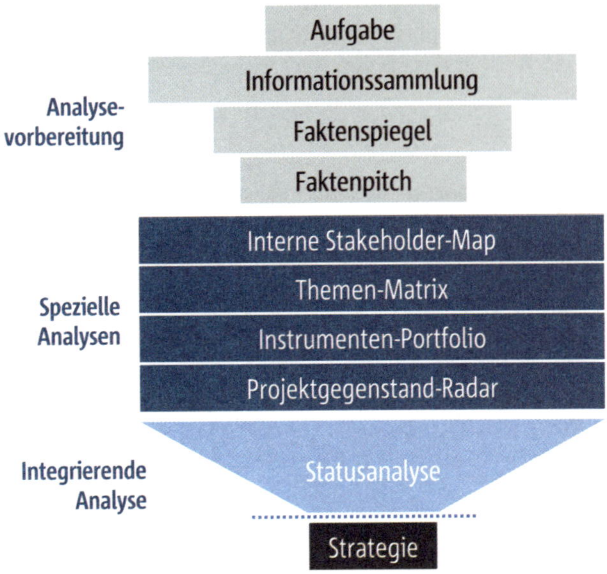

Abbildung 12: Spezielle Analysen und die integrierte Statusanalyse

Das erste Werkzeug ist die interne **Stakeholder-Map**. Sie analysiert die Konstellation der aufgabenrelevanten internen Akteure (=Stakeholder) im Unternehmen. Dem Projektteam ist beispielsweise bei der Durchsicht der Faktenspiegel aufgefallen, dass der Standpunkt der internen Stakeholder zum Projektgegenstand im Nebel liegt. Im Team gibt es unterschiedliche Auffassungen, welche Stakeholder wo stehen. Allen ist jedoch klar, dass die gezielte Ansprache ein wichtiger Faktor für den Kommunikationserfolg ist. Daher ist die Entwicklung einer Stakeholder-Map erforderlich. Dort werden alle wichtigen internen Akteure verortet, die direkt oder indirekt, latent oder offensiv eine Rolle für die zukünftige Projektkommunikation spielen. Hinzu kommen relevante externe Stakeholder, sofern sie intern großen Einfluss ausüben.

Die Map besteht aus neun Quadranten. Wer im Internet nachschaut, entdeckt, dass es sie auch mit 16 Quadranten gibt. Uns sind sogar Exemplare mit 25 begegnet. Um die Analyse im Workshop nicht zu verkomplizieren und in die Länge zu ziehen, empfehlen wir, die kompakte Version zu nutzen.

Die Waagerechte bildet den Grad des Interesses der Mitarbeitenden (hoch, mittel, niedrig) am Projektgegenstand ab, in der Senkrechten steht der Grad des Einflusses (hoch, mittel, niedrig), den der jeweilige Stakeholder in der Meinungsbildung der internen Öffentlichkeit hat. Alle maßgeblichen Akteure werden auf der Karte räumlich verortet. Bei jedem Einzelnen ist gleichzeitig die Einstellung zum Projektgegenstand zu bewerten. Es gibt Befürworter, die positiv eingestellt sind, Neutrale ohne feste Einstellung, und Gegner, deren Haltung ablehnend ist. Noch ein weiteres Unterscheidungsmerkmal erfasst das Team: Falls ergänzende externe Stakeholder in die Map eingetragen werden, sind sie als Externe zu kennzeichnen. Die Workshop-Beteiligten leiten die Standorte der Akteure aus Rechercheergebnissen und Erfahrungswerten ab, was in kritischen Einzelfällen zu großen Diskussionen führen kann. Die interne Kommunikationsmanagerin muss straff führen und die Verortungsdiskussion, sobald alle Argumente ausgetauscht sind, mit einer Abstimmung beenden.

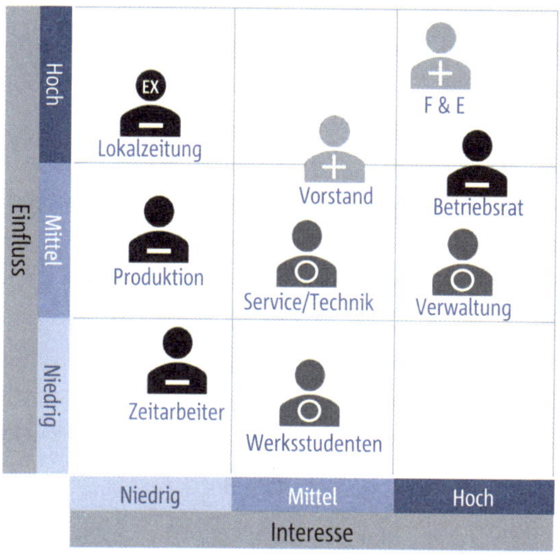

Abbildung 13: Die Stakeholder-Map

Je höher der Einfluss und das Interesse, desto bedeutsamer wird der Stakeholder für die Kommunikation. Bezogen auf die Map bedeutet das: Die wichtigen Akteure für die Projektkommunikation stehen tendenziell rechts oben.

Je nach Einstellung zum Kommunikationsthema zieht das Team unterschiedliche Schlussfolgerungen. Die positiv eingestellten Akteure sollten in der Kommunikation durch passende Botschaften bestätigt und in bestimmten Situationen als Mittler eingesetzt werden. Neutrale verdienen besonders große Aufmerksamkeit. Es ist alles zu tun, um sie auf die positive Seite zu ziehen. Negative lassen sich erfahrungsgemäß schwer überzeugen. Dennoch muss die interne Kommunikation sie im Blick behalten, ihre Argumente aufnehmen und in den Dialog einbringen. Die Projektkommunikation darf die internen Antagonisten aber keinesfalls angreifen und herabsetzen. Jeder

Mitarbeitende hat das Recht auf Wertschätzung und Integrität seiner Person. Die Standorte in der Map können sich jederzeit verändern. Deshalb ist sie kein statisches Dokument. Das Projektteam behält die Entwicklung während des ganzen Projekts im Auge und aktualisiert die Konstellation bei Bedarf.

Das zweite Analyse-Tool konzentriert sich auf die anstehenden Inhalte. Jedes Projekt beinhaltet unterschiedliche Themen, die gekonnt kommuniziert werden müssen, um die Mitarbeitenden zu überzeugen. Art und Umfang erfasst das Team in einer **Themenmatrix**. Die Senkrechte bildet die Bedeutung des jeweiligen Themas in Bezug auf die gestellte Projektaufgabe ab. Welche inhaltliche Tragweite hat das Thema für die Aufgabe (hoch, mittel, niedrig)? Die Waagerechte spiegelt das Interesse der Mitarbeitenden wider. Wie anziehend ist das Thema (hoch, mittel, niedrig)?

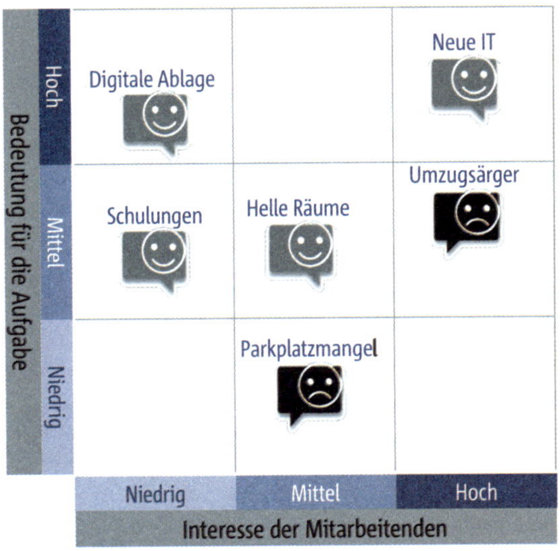

Abbildung 14: Die Themenmatrix

Grundsätzlich gibt es zwei Arten. Negativthemen können die Kommunikation ausbremsen und zu Stolpersteinen der Glaubwürdigkeit werden. Positivthemen sind Antriebskräfte, die das Projekt nach vorne bringen. Je weiter ein Thema rechts oben steht, desto bedeutender ist es für die zukünftige Kommunikationsarbeit. Themen mit Tendenz nach links unten, bleiben in Beobachtung, aber werden nicht in die Kommunikation gebracht. Es sei denn, es handelt sich um Pflichtthemen, die zum Verständnis des Projektgegenstands unbedingt erforderlich sind.

Woher kommen die Themen? Das Team hat im Rahmen der Recherche alle projektrelevanten Fakten gesammelt. Die vorliegenden Faktenspiegel beinhalten das Rohmaterial, aus denen das Team die Themen entwickelt und in die Matrix einbringt.

Wie schon bei der Stakeholder-Map, so gilt auch hier: Die Themen entwickeln sich dynamisch. Neue können hinzukommen, vorhandene ihre Stellung in der Matrix verändern oder herausfallen. Bei bewegten Themenkonstellationen ist es erforderlich, die Entwicklung im Blick zu behalten und die Matrix in späteren Schritten des Kommunikationsprojekts entsprechend zu aktualisieren.

Das dritte Werkzeug ist das **Instrumenten-Portfolio**. Es erfasst alle vorhandenen Instrumente der internen Kommunikation, die für den Einsatz im anstehenden Kommunikationsprojekt geeignet sind.

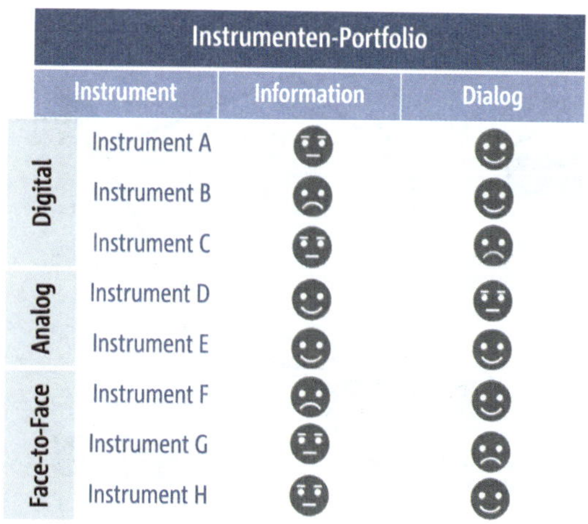

Abbildung 15: Das Instrumenten-Portfolio

Alle bereitstehenden Stamminstrumente der internen Kommunikation werden aufgelistet. Sie sind in die drei Kategorien Digital-, Analog- und Face-to-Face-Instrumente unterteilt. Außerdem unterscheiden wir die Informations- und Dialogeignung jedes einzelnen Instruments: gut, mittel, schlecht. Das Portfolio hilft dem Team zu erkennen, ob die vorhandenen Instrumente für die gestellte Aufgabe ausreichen und wo es Defizite gibt.

Das **Projektgegenstand-Radar** nimmt – wie der Name schon sagt – den Projektgegenstand genauer unter die Lupe. Wie schätzen die Mitarbeitenden den Projektgegenstand ein? Welche seiner Charaktermerkmale werden hoch bewertet, welche lassen zu wünschen übrig? Falls es im Unternehmen bei zwei wichtigen Belegschaftsgruppen stark unterschiedliche Sichtweisen gibt, zeichnet das Team zwei Merkmalsprofile ein und vergleicht sie miteinander.

Ein Maschinenbauunternehmen führt beispielsweise neue Nachhaltigkeitsregeln ein, die von den Mitarbeitenden im Arbeitsalltag beachtet werden müssen. Projektgegenstand sind also die Nachhaltigkeitsregeln. Das Projektteam stellt bei der Ausarbeitung der Aufgabe fest, dass die Regeln im Haus umstritten sind. Um es klarer zu sagen: Sie fallen lästig. Aber wie werden die Regeln bei den Kollegen und Kolleginnen im Detail bewertet? Darauf findet das Team keine eindeutige Antwort. Einig sind sich alle nur, dass die Regeln in Produktion und Management unterschiedlich gesehen werden. Um Klarheit zu schaffen, entschließt sich das Team, das gegenwärtige Ansehen der Nachhaltigkeitsregeln mithilfe des Radars zu analysieren.

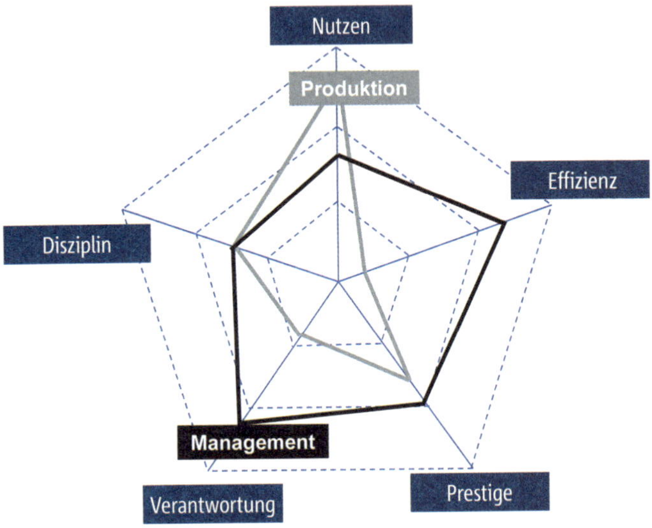

Abbildung 16: Der Projektgegenstand-Radar

Wir bauen das Radar in unseren Workshops mit fünf Achsen. Mehr sind möglich, machen die Workshop-Arbeit jedoch komplizierter. Die Pole der sternförmig angeordneten Achsen bilden Charaktermerkmale des Projektgegenstands ab. Es werden die Merkmale erfasst, die für die Mitarbeitenden signifikant sind. Bei den Nachhaltigkeitsregeln sind es das Prestige, etwas Gutes zu tun, die moralische Verantwortung des Einzelnen, der Nutzen fürs Unternehmen, die Einsatz-Disziplin der Beteiligten und die erwartete Effizienz der Ergebnisse. Um die Achsen läuft das Netz der Skalierung – von drei bis maximal fünf Skalierungsringen. Je stärker die Ausprägung eines Merkmals, desto weiter setzt es in der Skala außen an. Je schwächer, desto näher steht es zum Mittelpunkt. Die einzelnen Achspunkte der Ausprägungen werden miteinander zu einer Fläche verbunden. Mit Hilfe des Radars kann das Team auf einen Blick die starken und schwachen Seiten des Projektgegenstands und den daraus resultierenden Handlungsbedarf erkennen.

Digitale Bibliothek: Instrumenten-Portfolio

Das Thema der Weiterbildung über elektronische Fachbücher stellt Neuland dar. Wir wissen nicht, wie sich die Kolleginnen und Kollegen verhalten werden. Deshalb wollen wir den Prozess von der ersten Wahrnehmung bis zur regelmäßigen Nutzung systematisch begleiten.

Alle vorhandenen Werkzeuge der internen Kommunikation, der Weiterbildung und des Managements haben wir geprüft und, soweit sie geeignet erscheinen, in unser Portfolio aufgenommen.

Instrumenten-Portfolio			
	Instrument	Information	Dialog
Digital	Intranet	+	+
Digital	Newsletter	+	–
Digital	Newsticker	0	–
Analog	Weiterbildungswand	0	–
Analog	Chefbrief	+	–
Face-to-Face	Führungskräftetreffen	+	+
Face-to-Face	Jour Fixe Bauprojekte	+	0

Unser Intranet, der monatliche interne Newsletter „LudwigNews“ und der Newsticker als Teaser auf der Startseite des Intranets lassen sich einsetzen, um wichtige Informationen zur Bibliothek zu transportieren.

Die Weiterbildungswand hängt vor dem Personalbüro und informiert über das Weiterbildungsprogramm. Sie liegt in der Verantwortung des Weiterbildungsbeauftragten. Es wurde bereits geklärt, dass wir das Instrument nutzen dürfen. Die Reichweite ist jedoch gering, da nur wenige Mitarbeitende die Wand beachten.

Der Chefbrief von Roman Ludwig ist ein Muss, zumal ihm die Bibliothek am Herzen liegt. Führungskräftetreffen und der monatliche Jour Fixe der laufenden Bauprojekte liegen nicht in unserer Kompetenz. Man hat uns jedoch signalisiert, dass der Bibliothek im Jour Fixe einmalig ein Zeitfenster eingeräumt werden kann. Die Leiter der laufenden Bauprojekte bestehen aber darauf, dass sie ihrem Team die Bibliothek selbst vorstellen. Bei einigen wird das nur ein kurzer Vortrag ohne Dialog sein.

Integrierende Statusanalyse durchführen

Die vorangegangenen Spezial-Werkzeuge der Analyse setzen jeweils an bestimmten Stellen an und nehmen einen Ausschnitt genau unter die Lupe. Sie sind Kann-Werkzeuge, die nur bei Bedarf zur Anwendung kommen.

Im Gegensatz dazu ist die Statusanalyse Pflicht. Auch wenn das Team im Workshop nur wenig Zeit hat, darf die Analyse des aktuellen Status in keinem internen Kommunikationskonzept fehlen. Bei der Statusanalyse handelt es sich um ein Universal-Werkzeug, mit dem sich das Projektteam einen Gesamtüberblick der Ist-Situation verschafft. Alle wichtigen Fakten aus den Faktenspiegeln werden dort integriert und zu einem Lagebild verdichtet. In unserer Workshop-Arbeit achten wir darauf, dass die fertige Statusanalyse übersichtlich auf ein einziges großes Flipchart passt. Wenige Blicke auf das Analysebild reichen aus, um die Situation zu erfassen.

Die Statusanalyse der internen Kommunikation geht zurück auf die erprobte SWOT-Analyse aus der externen Kommunikation. Die SWOT stammt ursprünglich aus den Vereinigten Staaten und ist in Marketing und Werbung seit über 50 Jahren im Einsatz, auch die Public Relations nutzt sie seit langem. Es handelt sich um ein Werkzeug, das sich einfach anwenden lässt und schnell praktikable Ergebnisse erzielt. Das Akronym SWOT steht für „Strengths, Weaknesses, Opportunities and Threats" – also „Stärken, Schwächen, Chancen und Risiken".

Erkennungszeichen der SWOT ist ein Kreuz mit vier Feldern, die mit Faktoren befüllt werden. Oben links stehen die eigenen Stärken und rechts die Schwächen des betreffenden Kommunikationsgegenstands. Es handelt sich um Binnenfaktoren, die das kommunizierende Unternehmen direkt beeinflussen kann. Unten links stehen die Chancen und rechts die Risiken für die Kommunikation. Die beiden unteren Felder umreißen die externen Faktoren draußen im Umfeld, das kommunizierende Unternehmen kann sie nur indirekt beeinflussen.

In der internen Kommunikation lässt sich das Werkzeug der SWOT nicht korrekt einsetzen, weil die externe Dimension der Analyse für die interne Kommunikation lediglich eine untergeordnete Rolle spielt. Das Umfeld draußen ist bei den meisten Kommunikationsprojekten nur am Rande von Interesse. Die Statusanalyse greift auf die bewährten Prinzipien der SWOT zurück und passt sie für interne Kommunikationszwecke an, indem sie die Dimensionsgrenzen zwischen Binnenfaktoren und Außenfaktoren verschiebt. Auch die Statusanalyse ist in ihrer Grundkonstruktion, wie die SWOT, ein Kreuz mit vier Feldern.

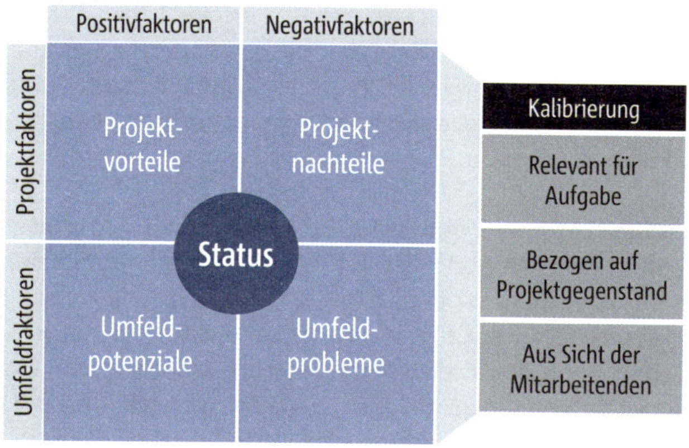

Abbildung 17: Das Kreuz der Statusanalyse

Oben in der Matrix stehen die für die Bezugsgruppe nützlichen Vorteile des Projektgegenstands auf der einen und die störenden Nachteile auf der anderen Seite. Die oberen Faktoren liegen innerhalb der Grenzen des Projekts. Darunter stehen die relevanten Potenziale und Probleme für die Kommunikation im Projektumfeld. Das sind alle tangierenden Faktoren, die außerhalb des Projekts liegen. Dabei kann es sich um interne Einflussgrößen aus dem Unternehmen, aber auch um externe Faktoren handeln. Ein Unternehmen eröffnet eine neue Kantine und will die Neuigkeit intern kommunizieren. Die tolle Einrichtung und die verlängerten Speisezeiten sind Projektfaktoren. Das ambitionierte Gesundheitsmanagement und die Zusammenarbeit mit einem Bio-Verband stellen Umfeldfaktoren dar, die für die Eröffnungskommunikation eine Rolle spielen, obwohl sie nicht direkt dem Projekt zuzurechnen sind. Die trendige digitale Speisekarte im Foyer wird als interner Projektvorteil eingeordnet, bei den verschärften Vorschriften des deutschen Lebensmittelrechts handelt es sich um ein externes Umfeldproblem.

Bevor das Team die Statusanalyse mit Faktoren befüllt, muss es die Ausrichtung der vier Felder kalibrieren, um verwertbare Ergebnisse zu erzielen. Auf drei Richtsätze kommt es an:

→ **Relevant für die Aufgabe** – Es werden nur Faktoren in das Status-Kreuz eingebaut, die für die vorgegebene Kommunikationsaufgabe Bedeutung haben. Bekommt ein Projekt die Aufgabe, die Nutzung des Intranets zu steigern, dann hat der Faktor „Steigende Anzahl Twitter-Follower" in der Statusanalyse nichts zu suchen.

→ **Bezogen auf den Projektgegenstand** – Der zweite Richtsatz fordert von den Beteiligten, dass sie bei ihrer Analyse stets vom vorgegebenen Projektgegenstand ausgehen. Nur Faktoren, die einen erkennbaren direkten oder indirekten Einfluss auf besagten Gegenstand haben, fügt das Team in die Felder der Statusanalyse ein. Wenn als Projektgegenstand das Social Intranet bestimmt wird, ist die neue Solaranlage auf dem Dach der Verwaltung zwar eine tolle Sache, gehört aber nicht zum Gegenstand der Projektkommunikation.

→ **Aus Sicht der Mitarbeitenden** – Die Faktorenauswahl wird keinesfalls aus dem Blickwinkel des Auftraggebers oder der Workshop-Teilnehmenden, sondern konsequent mit der Brille der betroffenen Kolleginnen und Kollegen gesehen. Nur was für sie nützlich oder störend, gut oder schlecht ist, gehört in die Statusanalyse des Projekts. Die verkürzten Pausenzeiten eines Unternehmens mögen für die Führung ein effizienzsteigernder Vorteil sein. Für die Mitarbeitenden stellen sie ein echtes Ärgernis dar.

Sobald die Statusanalyse kalibriert ist, kann die eigentliche Analysearbeit beginnen. Auf Basis der Faktenspiegel, der speziellen Analysen und der eigenen Erfahrungswerte erfassen die Teammitglieder die relevanten Faktoren stichwortartig im Analysekreuz. Nacheinander werden zuerst die projekteigenen Vor- und Nachteile, danach die Potenziale und Probleme aus dem Umfeld erfasst. Es geht nicht um jede Kleinigkeit. Nur kommunikationsentscheidende Faktoren finden den Weg in das Kreuz. In der Summe fügen sie sich zum Bild der Ist-Situation zusammen, jeder Faktor ist ein Mosaikstein, alle Faktoren zusammen ergeben das komplette Bild.

Bei großen Kommunikationsprojekten kann es passieren, dass die Statusanalyse Übergewicht bekommt. Es sind zahlreiche Faktoren ins Kreuz gestellt worden und das Gesamtbild wirkt unübersichtlich. In dem Fall ist es notwendig, die Statusanalyse auszubauen.

Eine bewährte Ausbaustufe der Statusanalyse ist die integrierte ABC-Analyse. Alle Faktoren werden noch einmal begutachtet und bewertet. A-Faktoren sind für die Mitarbeitenden von herausragender Bedeutung. Die Kommunikation stellt sie in den Vordergrund. Das A darf jedoch nicht inflationär vergeben werden. Es ist sozusagen eine hohe Auszeichnung für einen Faktor, ein A zu bekommen. B-Faktoren sind wichtig, aber nicht herausragend. Und C-Faktoren spielen nur eine Nebenrolle. Die ABC-Analyse erleichtert die anschließende Strategiefindung erheblich, weil sich die strategischen Entscheidungen vor allem an den A-Faktoren orientieren.

Die Statusanalyse versteht sich nicht als fixes Standbild, sondern als ein sich ständig aktualisierender Prozess. In der an das Konzept anschließenden Projektplanung und -steuerung können neu „aufpoppende" Faktoren hinzukommen. Oder das Team stellt später fest, dass ein Faktor weniger Gewicht besitzt als im Workshop vermutet, sodass er nachträglich aus dem Statuskreuz entfernt wird.

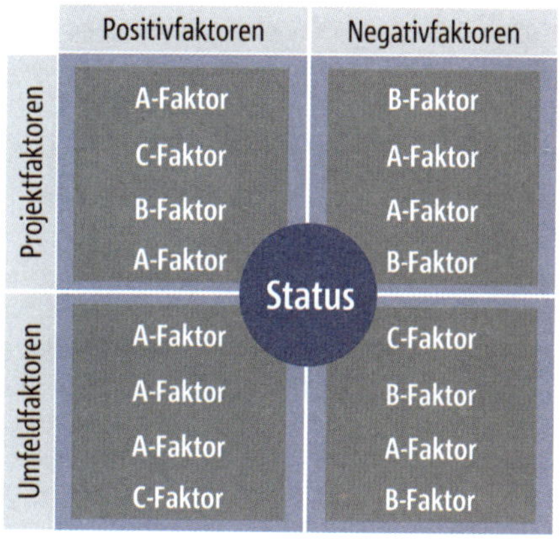

Abbildung 18: Die Statusanalyse mit integrierter ABC-Analyse

Das Kreuz der Statusanalyse ist der Baukasten für die anschließende Strategie. Jeder Faktor innerhalb des Kreuzes stellt einen Baustein dar, mit dem das Team in der Strategie weiterarbeiten kann. Bei der Auswahl der Bausteine für den strategischen Einsatz kommt es darauf an, die Projektvorteile und Umfeldpotenziale wirkmächtig zum Einsatz zu bringen, während Projektnachteile und Umfeldprobleme soweit wie möglich abgeschwächt oder idealerweise sogar ausgeschlossen werden.

Digitale Bibliothek: Statusanalyse

Unsere Statusanalyse nimmt den Projektgegenstand, die digitale Fachbibliothek, unter die Lupe und analysiert das Lagebild. Bei der Ausarbeitung hat unser Projektteam die Brille der Mitarbeitenden und Führungskräfte aufgesetzt und schaut aus deren Blickwinkel auf die vier Felder:

- **Vorteile:** Maßgebliche Pluspunkte der digitalen Bibliothek
- **Nachteile:** Erkennbare Handicaps der digitalen Bibliothek
- **Potenziale:** Beschleunigungsfaktoren im internen und externen Umfeld
- **Probleme:** Bremsfaktoren im internen und externen Umfeld

Da die Bibliothek noch nicht online und in Benutzung ist, mussten wir bei einigen Faktoren plausible Annahmen treffen, um die Aussagekraft der Analyse zu sichern. Je nach ihrer Bedeutung haben wir die Faktoren mit A, B oder C bewertet.

Statusanalyse	
Vorteile Bibliothek	**Nachteile Bibliothek**
• Innovatives Angebot (A) • Aktuelle Fachliteratur (A) • Breites Themenspektrum (A) • Englischsprachige Literatur inklusive (C) • Problemloser 1-Klick-Download (B) • Jederzeit jedes Buch im Zugriff (A) • Social-Media-Funktionen möglich (B) • Weiterbildungsbeauftragter offen für Ideen (A)	• Erkennbare Lücken im Angebot (A) • Nutzung nur auf Firmengeräten (B) • Kein Ausdruck möglich (B) • Schlechte Qualität Zeichnungen/Fotos (C) • Ressourcenmangel für Kommunikation (B)
Potenziale im Umfeld	**Probleme im Umfeld**
• Branche im Wandel (B) • Inhaber positiv eingestellt (A) • LudwigPlan expandiert europaweit (C) • Frühe Nutzer vorhanden (B) • Alle haben Firmen-Phone + Notebook (B) • Verlag hat Interesse an Kooperation (B)	• Ältere Kollegen relativ distanziert (A) • Für Führung kein wichtiges Thema (A) • Dezentrale Arbeitsorte Mitarbeitende (B) • Intranet nicht auf neuestem Stand (B) • Social Intranet bisher gefloppt (C)

Die digitale Bibliothek stellt eine Innovation für unser Unternehmen und die Branche dar. Im Portfolio sind viele aktuelle Fachbücher, darunter wichtige Werke aus dem englischen Sprachraum. Insgesamt bietet die Bibliothek ein breites Themenspektrum mit einem hohen Potenzial an Wissen. Die Bücher sind 24/7 im Zugriff und können mit einem Klick heruntergeladen werden. Die Programmierung der Bibliothek lässt Social-Media-Funktionen wie Kommentare oder Bewertungen zu. Und gut ist auch, dass unser Weiterbildungsbeauftragter offen für neue Ideen ist.

Andererseits gibt es zum Start noch deutliche Lücken im Buchangebot, die den Kolleginnen und Kollegen wahrscheinlich bald auffallen. Aus rechtlichen Gründen dürfen die Bücher nur auf Firmengeräten gelesen werden. Ebenfalls aus rechtlichen Gründen ist der Ausdruck gesperrt. Einige Bücher beinhalten komplexe Zeichnungen und tolle Architekturfotos, die im E-Book relativ niedrig aufgelöst und in der Qualität nicht vergleichbar mit gedruckten Büchern sind. Die finanziellen und personellen Ressourcen für unsere Kommunikation sind begrenzt.

Alle spüren, dass die Branche im Wandel ist und dass unser Unternehmen mitziehen muss. Deshalb hat Roman Ludwig das Bibliotheksprojekt angeregt und ist am Erfolg interessiert. Die Aufbruchstimmung wächst, denn LudwigPlan eröffnet im nächsten Jahr eine Niederlassung in Mailand, weitere europäische Standorte sind geplant. Im Unternehmen gibt es eine Reihe von frühen Nutzern, meist jüngere Mitarbeitende, die schon neugierig auf die Bücher sind und gleich einsteigen werden. Da alle Kolleginnen und Kollegen ein Firmengerät im Zugriff haben, steht der Nutzung nichts im Wege. Positiv zu vermerken ist zudem, dass ein Fachbuchverlag von der digitalen Bibliothek gehört und eine Kooperation angeboten hat.

Die älteren Mitarbeitenden reagieren zurückhaltend, aber nicht ablehnend auf die digitale Bibliothek. Auch für die Führungsebene hat das Thema wenig Gewicht. Durch die dezentrale Streuung unserer Belegschaft über zahlreiche Standorte und Baustellen könnte es Probleme bei der Ansprache geben. Unser Intranet ist leicht veraltet, anspruchsvolle Anwendungen wie Augmented Reality laufen nicht. Auch sind bisher alle unsere Versuche, Social Media-Funktionen ins Intranet zu integrieren, gefloppt. Die Ursache lag jedes Mal im Desinteresse der Mitarbeitenden.

Fazit ziehen

Die Statusanalyse hängt an der Wand, alle Faktoren sind eingetragen, das Lagebild ist komplett. Das Projektteam schaut auf das Bild und diskutiert, welche Quintessenz sich daraus ergibt. Konträre Einschätzungen müssen ausdiskutiert werden, denn sobald sich das Team nicht auf eine einheitliche Lageeinschätzung einigen kann, wird es schwer, in der anschließenden Strategie einen klaren Kurs einzuschlagen. Am Ende des Gedankenaustausches steht ein gemeinsames Bild: Genau, das ist der Stand der Dinge, davon gehen wir aus!

Bisweilen bemerken die Beteiligten beim genauen Blick auf den Stand der Dinge, dass das Projekt die gestellte Aufgabe nicht umsetzen kann. Die Projektaufgabe ist unrealistisch. Das kann mehrere Ursachen haben:

→ **Die anfängliche Aufgabenstellung ist zu allgemein** – Jetzt am Ende der Analysearbeiten sehen die Beteiligten klarer und haben das sichere Gefühl, dass die Aufgabe präzisiert werden sollte, bevor es mit der Konzeptionsarbeit weiter geht.

→ **Die anfängliche Aufgabenstellung ist teilweise oder ganz falsch** – Die Statusanalyse deckt auf, dass die ursprünglich formulierte Aufgabe in die Irre führt. In Abstimmung mit der Führungsebene muss sie neu formuliert werden.

→ **Die anfängliche Aufgabenstellung ist unlösbar** – Die Umsetzung wäre ein Ding der Unmöglichkeit und würde Ressourcen ohne jeglichen Nutzen verbrauchen. Darum muss die Aufgabe auf den Boden der Tatsachen geholt und realistisch formuliert werden.

- → **Die anfängliche Aufgabenstellung greift zu kurz** – Das Kommunikationsproblem liegt in Wirklichkeit viel tiefer. Daher muss die Aufgabe erweitert oder vertieft werden.

Wird eine dieser Ursachen erkennbar, dann passt die interne Kommunikationsmanagerin zusammen mit dem Projektteam die Aufgabe entsprechend an und richtet die weitere Arbeit daran aus. In der Praxis hat eine geänderte Aufgabenstellung hohe Hürden zu nehmen. Sie kommt nur zur Anwendung, wenn es zwingend erforderlich ist und sie in einem Review mit dem Auftraggeber abgestimmt wurde.

Mit dem Fazit ist der analytische Teil des Konzeptionsworkshops abgeschlossen. Der nächste Schritt wartet auf das Projektteam: Die Strategieentwicklung. Ausgehend vom gegenwärtigen Lagebild werden Entscheidungen für die Zukunft getroffen.

#3 DAS PROJEKT KONZIPIEREN: STRATEGIE

Strategie im Überblick

Die interne Kommunikationsmanagerin und ihr Team haben die Analyse abgeschlossen, das Resultat ist ein übersichtliches Bild der kommunikationsrelevanten Ist-Situation. Davon ausgehend schaut das Konzeptionsteam nach vorn und legt im nächsten Schritt des Workshops die grundlegenden strategischen Koordinaten der zukünftigen Kommunikationsarbeit fest. Innerhalb der Konzeption hat die Strategie den Auftrag, klare Richtungsentscheidungen zu treffen und neue Wege zu gehen. Veränderung ist angesagt. Denn gäbe es keine Veränderung, bliebe alles beim Alten, dann bräuchte es keine Konzeption und kein Kommunikationsprojekt. Das wäre verschwendete Zeit. Im Konzeptionsworkshop skizziert das Projektteam den Kurs der Veränderungen: Wohin soll es in Zukunft gehen? Schritt für Schritt wird der strategische Kurs festgelegt. Keine quälend langen Detaildiskussionen, sondern schnelle, mutige Entscheidungen sind gefragt.

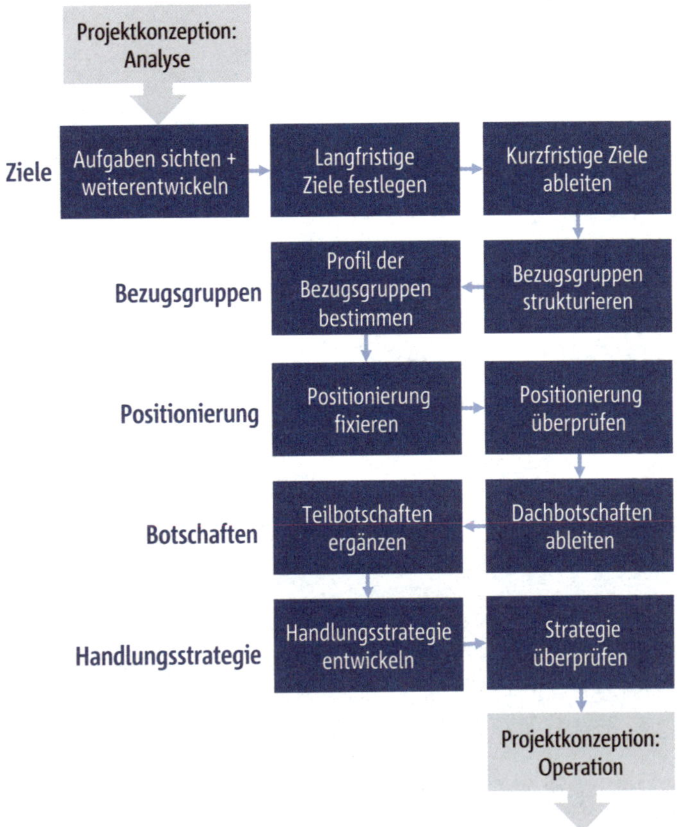

Abbildung 19: Der Ablauf der Strategie

Der strategische Teil des Workshops hat eine feste Programmabfolge, die das Projektteam zügig abarbeitet:

→ **Kommunikationsziele** – Was will das interne Kommunikationsprojekt in Zukunft erreichen?

→ **Bezugsgruppen** – Welche internen, aber auch externen Bezugsgruppen werden angesprochen? Wie ticken diese Gruppen? Und wer ist Absender der Kommunikation?

→ **Positionierung** – Wie positioniert sich der Projektgegenstand auf der Bühne der internen Öffentlichkeit?

→ **Botschaften** – Welche Kernaussagen bilden den inhaltlichen Rahmen des Kommunikationsprojekts?

→ **Handlungsstrategie** – Wie werden die Botschaften aus der Positionierung heraus zu den Bezugsgruppen transportiert? Ist die strategische Linie in sich schlüssig und realisierbar?

Die Ziele

Aufgaben sichten und weiterentwickeln

Die Strategie beschreibt den Weg in die Zukunft, und am Anfang des Weges bestimmt das Projektteam die Ziele. Die Kommunikationsziele legen den gewünschten Ergebniszustand fest, der am Ende der definierten Periode mit den eingesetzten kommunikativen Mitteln erreicht werden soll.

An dieser Stelle werden oft Ziele mit Aufgaben gleichgesetzt. Teilweise ist das Team sogar der Meinung, man könne sich die Ziele sparen, denn die Aufgaben hätten bereits klargemacht, was Sache sei. Obwohl Aufgaben und Ziele eng zusammengehören, quasi ein Tandem bilden, sollte die interne Kommunikationsmanagerin ihr Team anhalten, klar zu unterscheiden. Diesen wichtigen Unterschied haben wir bereits detailliert bei der Aufgabenpräzision beschrieben, gehen aber noch einmal kurz darauf ein. Eine Projektaufgabe lautet im Aufgaben-Exposé beispielsweise: „Fast niemand kennt unsere neue Betriebsrentenberatung. Wir müssen eine bessere Information sicherstellen!" Daraus entwickelt das Projektteam im Workshop die Zielsetzung: „Bis Ende des nächsten Quartals kennen über 70 % der festangestellten Kollegen die neue Serviceleistung." Die Aufgabe ist eine Handlungsaufforderung, das daraus abgeleitete Ziel beschreibt das angestrebte Ergebnis. Die Beschreibung fasst sich kurz und konzentriert sich auf die kommunikationsentscheidenden Faktoren.

Die Entwicklung der Ziele baut sich aus mehreren Arbeitsschritten auf. Zu Beginn holt das Projektteam die vorgegebenen Aufgabenstellungen aus dem Aufgaben-Exposé der Projektinitialisierung und begutachtet sie. Falls es mehrere gibt, werden sie nach Wichtigkeit geordnet. Falls sie über den Rahmen der Kommunikation hinausgehen, werden sie als übergeordnete Aufgaben gekennzeichnet und extra gestellt. Die Projektbeteiligten achten im Konzeptionsworkshop darauf, dass sie nur mit echten Kommunikationszielen arbeiten.

Ein Beispiel: Beim Kommunikationsprojekt zum E-Learning lautet ein Kommunikationsziel, dass sich bis nächstes Jahr die Anfragequote der Mitarbeitenden für die E-Learning-Kurse verdoppelt, aber nicht, dass sich die Anmeldequote verdoppelt. Denn mehr Teilnehmende zu gewinnen, ist ein übergeordnetes Weiterbildungsziel und kein klassisches Kommunikationsziel. Mehr E-Learning-Teilnehmende hängen nicht allein von der Kommunikationsarbeit ab, sondern auch von den Inhalten der Weiterbildungsangebote und der Qualität der Dozenten – allesamt Kriterien, die ein Kommunikationskonzept nicht direkt beeinflussen kann. Führungsebene und Fachabteilungen bringen in ihren Aufgabenstellungen gern solche übergeordneten Anforderungen ein. Das Projektteam lädt sie nicht klaglos auf seine Schultern, es ignoriert sie aber auch nicht. Vielmehr macht das Team im Projektkonzept klar, dass es die übergeordneten Aufgaben im Blick behält und intensiv angeht, soweit dies mit Mitteln der internen Kommunikation möglich ist.

Als Nächstes ist zu prüfen, ob zusätzliche Aufgaben notwendig sind. Nachdem das Projektteam alle vorgegebenen Aufgaben erfasst hat, wirft es einen kritischen Blick auf die Statusanalyse. Vor allem die Felder der Projektnachteile und Umfeldprobleme bedürfen einer genauen Betrachtung. Stehen dort harte K. O.-Faktoren, die das Realisieren der vom Auftraggeber gestellten Aufgaben völlig unmöglich machen, dann reagiert das Team. Es prüft, ob sich die K. O.-Faktoren mit kommunikativen Mitteln beseitigen lassen, sodass der Weg zum Ziel wieder frei ist. Wenn ja, wird die Beseitigung als zusätzliche Aufgabe auf die Liste gesetzt. Nicht jedes kleine oder mittlere Problem führt zu einer weiteren Aufgabe. Das Team reagiert nur auf existenziell bedrohliche Faktoren, die das Projekt kippen könnten. Die Aufgabe lautet, die Akzeptanz der neuen Social Media-Funktionen im Intranet zu verbessern. Die Statusanalyse bilanziert eine kritische Haltung des Personalrats, der bei den Mitarbeitenden einen starken Rückhalt hat. Mit dem Personalrat als Gegner scheint eine Akzeptanzsteigerung unmöglich. Folglich muss als zusätzliche Kommunikationsaufgabe die Überzeugungsarbeit in seine Richtung berücksichtigt werden.

Langfristige Ziele festlegen

Als Nächstes fängt das Projektteam an, aus den Aufgaben entsprechende Ziele zu entwickeln. Zuerst wird zwischen langfristigen und kurzfristigen Zielen unterschieden. Am Anfang stehen die langfristigen Ziele. Sie geben die große Richtung vor und stellen sicher, dass die Kommunikationsarbeit über einen langen Zeitraum eine feste Orientierung behält. Alle wissen, wofür sie arbeiten. Der langfristige Horizont ist in unserer Welt des ständigen Wandels eng bemessen. In der internen Kommunikation reichen Langfristziele von drei bis höchstens fünf Jahren. Selten werden sieben Jahre ins Auge gefasst. Längere Zeiträume sind uns in der Praxis schon seit Jahren nicht mehr begegnet. Bei Projekten mit operativem Schwerpunkt winken die Beteiligten im Workshop häufig ab, sobald von langfristigen Zielen die Rede ist. Wenn es zum Beispiel um ein Mitarbeiterfest am Ende des Jahres geht, sehen sie den Sinn der langfristigen Ziele nicht. Die interne Kommunikationsmanagerin besteht jedoch auf einer langfristigen Zielsetzung. Denn im Sinne der strategischen Konzeption von Kommunikationsprojekten stellt das Mitarbeiterfest nicht nur eine einzelne Veranstaltung dar. Es versteht sich als integriertes Instrument im Orchester der internen Kommunikation, das ein nachhaltiges Echo erzeugen soll. Als langfristiges Ziel der Veranstaltung könnte formuliert werden, dass die Mitarbeiterzufriedenheit in den nächsten Jahren deutlich zu steigern ist, und dass das Fest als ein Schwungrad auf dem Weg zum Ziel funktioniert.

In Zeiten des ständigen Wandels sorgen die Langfristziele für die notwendige Beständigkeit in der internen Kommunikation. Um eindeutige Anhaltspunkte zu bekommen, definiert das Team im Workshop nur wenige Ziele für den langfristigen Horizont. Bisweilen reicht ein einziges Ziel, zwei bis fünf Ziele sind noch akzeptabel, alles andere wäre problematisch. Zu viele Langfristziele stiften eher Verwirrung, als dass sie über mehrere Jahre Orientierung bieten.

Achtung! Langfristige Ziele müssen nicht zu 100 % realistisch sein! Auch wenn das der Mentalität vieler Planer widerspricht: Das Team formuliert die langfristigen Ziele als ambitionierte Herausforderung, die allen Akteuren in Projektplanung und Umsetzung emotionalen Ansporn bietet: „Das gehen wir gemeinsam an!" – Erst die eingebaute Ambition in den Zielen macht Weiterentwicklung möglich. Das ehrgeizige Ziel darf sich allerdings nicht „so weit aus dem Fenster lehnen", dass es maßlos übertrieben wirkt.

Kurzfristige Ziele ableiten

An die langfristige Zielkonstellation sind die kurzfristigen Ziele anzudocken. Sie markieren jeweils eine Etappe auf dem Weg zur Erreichung der langfristigen Ziele. Sie bleiben flexibel, können unterwegs jederzeit an interne und externe Veränderungen angepasst werden. Kurzfristige Ziele sind konkrete Leistungsziele für die anstehende Kommunikationsperiode. Im Regelfall ist die Periode ein Jahr lang. Kürzere Perioden sind möglich. Längere sind nur in Ausnahmefällen sinnvoll: Je länger die Periode dauert, desto schwieriger werden später in der Projektdurchführung Kontrolle und Steuerung.

Zwei Methoden der Zielformulierung sind praktikabel. Die erste ist der klassische Weg, bei der die Workshop-Teilnehmenden ausgehend von den gestellten Aufgaben die kurzfristigen Ziele mit der SMART-Formel ausarbeiten. Sie ist ein nützliches Hilfsmittel, um die Funktionstüchtigkeit der kurzfristigen Kommunikationsziele zu garantieren. Die fünf Anfangsbuchstaben stehen für Kriterien, die das ausformulierte Ziel erfüllen muss:

→ **Spezifisch** – Das Kommunikationsziel ist nicht schwammig, es formuliert eine konkrete projektspezifische Aussage.

→ **Messbar** – Das Kommunikationsziel enthält eindeutige Indikatoren, die sich in der Umsetzung messen lassen.

→ **Attraktiv** – Das Kommunikationsziel hat stimulierenden Charakter für die Mitarbeitenden. Das Projektteam nimmt das Ziel für sich an.

→ **Realistisch** – Das Kommunikationsziel ist umsetzbar. Es wird in der zur Verfügung stehenden Zeit mit den vorhandenen Mitteln nichts Unmögliches von den Projektakteuren verlangt.

→ **Terminiert** – Das Kommunikationsziel bestimmt einen festen Zeitrahmen für die Zielerreichung.

SMART versteht sich als Qualitätsanspruch, der mit jedem einzelnen Ziel eingelöst werden muss. Zur Veranschaulichung folgt zuerst ein Kommunikationsziel, das nicht smart ist: „Die Besucherzahlen unserer Corporate-Volunteering-Ausstellung im hinteren Foyer sollten sich in der nächsten Zeit spürbar erhöhen." Das ist ziemlich schwammig formuliert. Und so wird das Ziel smart: „Die Besucherzahlen unserer Corporate-Volunteering-Ausstellung haben sich bis zum Jahresende im Vergleich zum Vorjahr um 90 % und die Verweildauer um 30 % erhöht." Ein zweites Beispiel schließt sich an. Zuerst das mangelhafte Ziel: „Durch intensive Social-Media-Arbeit wollen wir den Traffic auf unseren neuen Compliance-Intranet-Seiten bis Ende des Jahres verdoppeln." Das ist nicht smart gedacht. Das Ziel müsste vielmehr heißen: „Bis Ende des Jahres bestätigen über 70 % der festangestellten Mitarbeitenden, dass sie die fünf neuen Compliance-Regeln kennen." Den smarten Weg geht das Projektteam, wenn die Kommunikationssituation eindeutig ist, es bereits Erfahrungswerte gibt und sich alle Teammitglieder bei der Zielbestimmung trittsicher fühlen.

Erscheint den Beteiligten die Kommunikationssituation dagegen unsicher und gibt es zu wenig Erfahrungswerte für einen stabilen SMART-Rahmen, schlagen sie den zweiten Weg der Zielfindung ein. Hier werden die kurzfristigen Ziele durch Key Results (Schlüsselergebnisse) konkretisiert. Bei der Arbeitsweise unterteilt das Team jedes Kurzfristziel in mehrere Etappen. Die Beteiligten legen die Etappenlänge nach dem Grad der Unsicherheit fest – je unsicherer der Weg, desto kürzer: wöchentlich, monatlich, quartalsweise, halbjährlich. Am Ende jeder Etappe setzt sich das Projektteam zusammen und überprüft durch die Auswertung der Schlüsselergebnisse, ob und inwieweit die gesteckten Etappenziele erreicht wurden.

Hat die Kommunikation die Ergebnisvorgaben einer Etappe verfehlt, analysiert das Team die Ursachen und nimmt für die nächste Etappe notwendige Kurskorrekturen vor. Das Verfehlen eines Etappenziels gehört zum normalen Planungsprozess, somit darf es nicht als Fehler angekreidet oder gar sanktioniert werden.

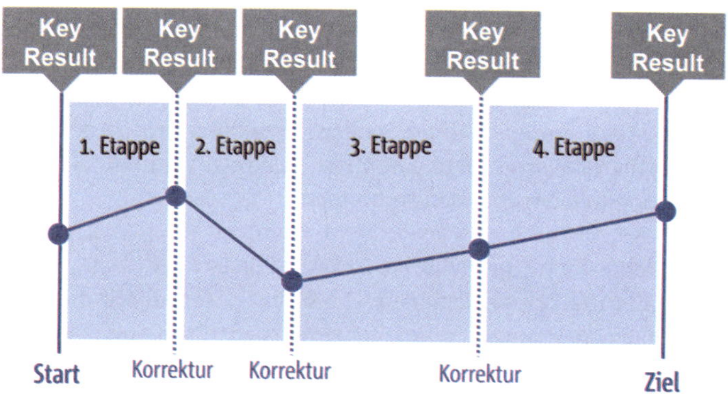

Abbildung 20: Das kurzfristige Ziel in Etappen unterteilen

Um besser kontrollieren zu können, werden die Kurzfristziele im Workshop allgemein ohne integrierte Messgrößen formuliert und stattdessen mit den passenden „Key Results“ kombiniert. Damit sich die Schlüsselergebnisse überprüfen lassen, verbindet das Projektteam sie jeweils mit einer zu messenden Kennzahl, der zugehörigen Messmethode und einer Vorgabe für die Etappendauer. Dem Ziel „Neue Mitarbeiter-Eventserie bis Jahresende etablieren“ wird u. a. das Schlüsselergebnis „Positive Bewertung der Events“ an die Seite gestellt. Gemessen wird der „Zustimmungsgrad“, der in einer Befragung auf den Events ermittelt wird. Die Messung erfolgt auf jeder Veranstaltung alle zwei Monate.

Kurzfristiges Ziel: Neue Mitarbeiterevent-Serie bis Jahresende etablieren			
Schlüsselergebnis	**Kennzahl**	**Messmethode**	**Etappendauer**
Mehr Teilnehmer an Mitarbeiterevents	Zahl der Teilnehmer	Zählung der Teilnehmer	Messung zu jedem Event alle zwei Monate
Positive Bewertung der Events	Zustimmungsgrad	Befragung auf Event	
Bereitschaft, an Events mitzuwirken	Aktivierungsquote	Auswertung Anmeldungen	

Abbildung 21: Kurzfristziele festlegen

Das Team bestimmt für jedes Ziel möglichst mehrere Key Results in Kombination mit Kennzahl, Messmethode und Etappendauer, um valide Ergebnisse abzusichern. Denn die Erfahrung zeigt, dass nicht alle Schlüsselergebnisse korrekt funktionieren und verwertbare Messwerte erzielen. Bei obigem Mitarbeiterevent hat man z. B. die Zahl der Teilnehmenden als Schlüsselergebnis erfasst. Da viele aber schon vorzeitig gegangen sind, ist das Ergebnis nur von zweifelhafter Aussagekraft. Hat das Team nur ein einziges Ergebnis für ein wichtiges Kurzfristziel fixiert, dann schlägt eine Panne bei der Messung voll durch und das Ziel steht am Etappenende ohne oder mit einem fragwürdigen Ergebnis da. Kommen mehrere Schlüsselergebnisse pro Ziel zum Einsatz, sind verwertbare Messresultate garantiert. Maximal wird ein Ziel mit vier messbaren Schlüsselergebnissen kombiniert.

Zu jedem Etappenende optimiert das Team bei Bedarf Key Result, Kennzahl, Messmethode und Etappendauer für die nächste Etappe. Mit der Zeit verbessert sich die Erkenntnislage, der Steuerungsbedarf sinkt und die Etappen werden verlängert.

Die lang- und kurzfristige Zielkonstellation wird vom Team gemeinschaftlich entwickelt. So ist sichergestellt, dass alle dahinterstehen und sich später in der Umsetzung tatsächlich daran orientieren. Die Ziele dürfen dem Team keinesfalls von der Chefetage oder der internen Kommunikationsmanagerin aufoktroyiert werden. Die Konzeption konzentriert sich auf eine möglichst überschaubare Zahl von kurzfristigen und langfristigen Zielen. Komplexe Zielkonstellationen mit vielen Einzelzielen wirken akademisch beschlagen, sind aber später in der Projektumsetzung schwer zu kontrollieren. Die Intention der internen Kommunikationsmanagerin sollte sein, dass alle Projektbeteiligten die Zielsetzung verinnerlichen und nach Monaten noch im Kopf präsent haben. Verschwindet die Zielplanung in der Schublade und kann auf Nachfrage niemand die Ziele benennen, ist etwas schiefgelaufen.

Digitale Bibliothek: Kommunikationsziele

Was strebt die interne Kommunikationsaktion an? Unsere Ziele orientieren sich an der vorgegebenen Aufgabenstellung:

Übergeordnete Ziele in drei Jahren:

- Die digitale Bibliothek hat sich in der Belegschaft von LudwigPlan fest etabliert und wird von den Mitarbeitenden rege genutzt.
- Die digitale Bibliothek wird über unser Unternehmen hinaus in der gesamten Branche als vorbildlich eingeschätzt und anerkannt.

Langfristige interne Kommunikationsziele in drei Jahren:

- Die Kolleginnen und Kollegen zeigen sich offen für die Innovationen der Baubranche, sie informieren sich über den aktuellen Stand und sind bereit, ihr Wissen weiterzuentwickeln.
- Die Bibliothek hat wichtige Impulse für das Zukunftswissen im Unternehmen gebracht. Die Weiterbildung im Haus hat an Bedeutung gewonnen.
- Mehr als zwei Drittel der Belegschaft sprechen sich für die Bibliothek aus und empfehlen sie im Kollegenkreis weiter.

Kurzfristige interne Kommunikationsziele – 1. Etappe

Ziel: Die Mitarbeitenden nehmen die digitale Fachbibliothek wahr und besuchen das Bibliotheksportal im Intranet.			
Schlüsselergebnis	**Kennzahlen**	**Messmethode**	**Etappendauer**
Besucher auf dem Portal	• 800 Visits in der 1. Woche • 3.000 Visits in 6 Wochen	Auswertung Traffic	nach 6 Wochen
Aufenthaltsdauer auf dem Portal	• Durchschnitt über 1 Min. • Abbruchquote unter 10%	Auswertung Traffic	

Ziel: Die Mitarbeiter probieren die Bibliothek aus und leihen sich ein erstes Fachbuch aus.			
Schlüsselergebnis	**Kennzahlen**	**Messmethode**	**Etappendauer**
Bücher werden ausgeliehen	• 200 Bücher in 1. Woche • 600 Bücher in 6 Wochen	Auswertung Ausleihe	nach 6 Wochen
Bücher werden gelesen	800 gelesene Seiten pro Woche	Aus Leseverhalten (mit Zustimmung Leser)	

Kurzfristige Kommunikationsziele – 2. Etappe

Ziel: Das Interesse bleibt wach, die Mitarbeiter kehren auf das Portal zurück und nutzen das Angebot erneut.			
Schlüsselergebnis	**Kennzahlen**	**Messmethode**	**Etappendauer**
Besucher auf dem Bibliotheksportal	7.000 Visits in 6 Monaten	Auswertung Traffic	nach 6 Monaten
Bücher werden ausgeliehen	1.200 Bücher in 6 Monaten	Auswertung Ausleihe	
Wiederholte Ausleihe von Büchern	50% ab der 7. Woche	Auswertung Ausleihe	

Ziel: Die große Mehrheit der Belegschaft bewertet die Einrichtung der digitalen Bibliothek positiv.			
Schlüsselergebnis	**Kennzahlen**	**Messmethode**	**Etappendauer**
Die Bibliothek wird breit begrüßt	Über 65% Zustimmung der Befragten	Intranet-Befragung	nach 6 Monaten
Gelesene Bücher positiv bewertet	Durchschnittlich 3,5 von 5 Sternen	Freiwillige Abfrage Leser	

Die kurzfristigen Ziele sind zum Teil keine klassischen Kommunikationsziele. Die wiederholte Ausleihe oder die positive Bewertung der Bücher hängt vor allem von der Qualität des Buchangebots ab. Der Pflege des Buchangebots durch den Weiterbildungsbeauftragten kommt vor diesem Hintergrund eine hohe Bedeutung zu.

Mit der Bibliothek betreten wir Neuland, sodass uns bei den Schlüsselergebnissen und den Kennzahlen Erfahrungswerte fehlen. Wir gehen davon aus, dass die Ziele mit hoher Wahrscheinlichkeit nachgesteuert werden müssen. Außerdem weisen wir darauf hin, dass alle vorgeschlagenen Messmethoden den internen Regeln des Datenschutzes entsprechen und vor Anwendung mit unserem Rechtsexperten und dem Betriebsrat abgestimmt werden.

Die Bezugsgruppen

Bezugsgruppen strukturieren

Nachdem die Kommunikationsziele definiert sind, wendet sich der Konzeptionsworkshop jetzt den Mitarbeitenden zu, die in der internen Kommunikation immer im Mittelpunkt stehen. Die Kommunikationsmanagerin und ihr Team wissen viel über die Mitarbeitenden. Sie haben statistische Angaben wie Beschäftigtenzahl, Firmenzugehörigkeit, Geschlechts- und Altersstruktur zur Verfügung. Überdies sind sie täglich im Haus unterwegs, kennen viele Mitarbeitende vom Sehen, kommen ins Gespräch und bauen Beziehungen auf. Dadurch haben sie mit der Zeit ein Gespür für das Meinungsbild und die Stimmungslage im Unternehmen entwickelt. Vor diesem Hintergrund verstehen wir interne Kommunikationsarbeit als Beziehungskommunikation und bezeichnen die klassischen Zielgruppen als Bezugsgruppen.

Bezugsgruppen sind im Kern die festen Mitarbeitenden und die Führungskräfte – aber nicht nur. Je nach Unternehmenskultur rechnen wir im Einzelfall auch freie Mitarbeitende, enge Angehörige und Pensionäre dazu. Bei Vereinen gehören Mitglieder und Ehrenamtliche zu den Bezugsgruppen, bei kulturellen Institutionen können das Kuratorium oder der Beirat einbezogen werden.

Anschaulich ausgedrückt, sind interne Bezugsgruppen Personen, die sich dem jeweiligen Unternehmen zugehörig fühlen und „hinter dessen Fahne stehen". Wenn sie über das Unternehmen sprechen, dann reden sie in der Wir-Form.

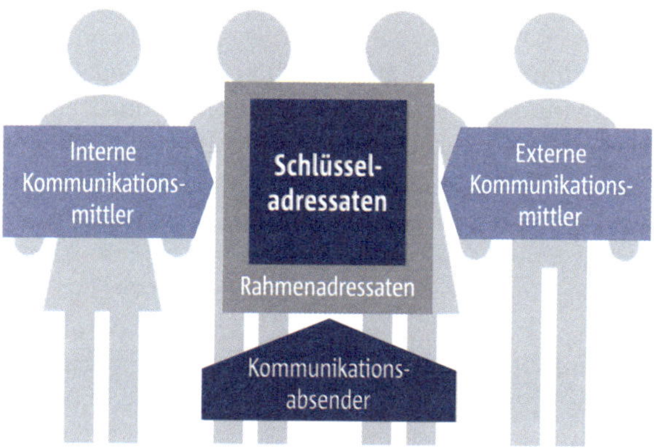

Abbildung 22: Die Grundstruktur der Zielgruppen

Abhängig von der fachlichen und hierarchischen Organisation fällt die Struktur der Bezugsgruppen von Unternehmen zu Unternehmen unterschiedlich aus. Im Grundsatz betrachten wir die Funktionen der Gruppen innerhalb des internen Kommunikationsprozesses und unterscheiden:

→ **Schlüsseladressaten** – Dazu gehören die Mitarbeitenden und Führungskräfte, die im Brennpunkt der Kommunikation stehen und für das Projekt der Schlüssel zum Kommunikationserfolg sind. Die interne Kommunikation stellt die Schlüsseladressaten in den Vordergrund, spricht sie intensiv und differenziert an. Ein Kommunikationsprojekt hat beispielsweise die Aufgabe, Freiwillige unter den Mitarbeitenden zu finden, die sich für ein Austauschprogramm mit dem amerikanischen Mutterunternehmen begeistern. Schlüsselzielgruppe sind die Kolleginnen und Kollegen, die aufgrund ihrer Stellung im Unternehmen, ihres Alters und Familienstandes für den Austausch vorrangig in Frage kommen. In der internen Kommunikation wird das Terrain der Schlüsseladressaten oft zu weit gefasst, etwa wenn die Geschäftsführung betont: „Eigentlich gehören alle Mitarbeitende dazu, keiner soll sich benachteiligt fühlen." Die Einstellung ist lobenswert, aber problematisch für die Kommunikationsarbeit. Sobald das Projektteam die Ansprache der Schlüsselzielgruppen zu breit anlegt, verringert sich die Chance, punktgenau den Nerv der Adressaten zu treffen. In einigen Fällen stellt das Projektteam zudem fest, dass die Schlüsseladressaten sich aus mehreren unterschiedlichen Segmenten (z. B. unterschiedlichen Fachkompetenzen) zusammensetzen, die alle ganz anders ticken. Dann sollten die Adressaten unterteilt und differenziert angesprochen werden:

→ **Rahmenadressaten** – Hierzu gehören Mitarbeitende und Führungspersonen, die vom Projektgegenstand nur am Rande berührt werden und deshalb kein ausgeprägtes Interesse haben. Sie werden dennoch angemessen in die Kommunikation einbezogen, denn sie sollen zumindest von den Kommunikationsinhalten gehört haben und einen positiven Eindruck gewinnen. Und es soll auch nicht der Eindruck entstehen, dass sie vergessen werden. Beim Austauschprogramm rechnen dazu alle, die in der Technik, im Archiv oder im Service arbeiten und aufgrund der Arbeitsaufgaben für einen Austausch nicht in Frage kommen. Falls sie vom Programm nur über den Flurfunk hören, Sinn und Zweck nicht verstehen, kann die interne Kommunikation ein Problem bekommen.

→ **Interne Kommunikationsmittler** – Das sind Personen oder Gruppen aus dem Unternehmen, die als Verstärker und Botschafter in die Kommunikation einbezogen werden. Sie sind positiv interessiert und sprechen sich bei den Schlüssel- und Rahmenadressaten für das Kommunikationsanliegen aus. Je bekannter und anerkannter die Mittler im Unternehmen sind, desto größer ist ihre multiplikatorische Wirkung. Bezogen auf unser Austauschprogramm wären das zum Beispiel die Kollegen und Kolleginnen, die zwar nicht am Austausch interessiert sind, aber aufgrund ihrer Arbeit enge Beziehungen zur amerikanischen Mutter haben und somit vertrauensbildend wirken.

→ **Externe Kommunikationsmittler** – Das interne Kommunikationsprojekt kann eng mit Trends und Entwicklungen im Umfeld des Unternehmens verbunden sein. Vielleicht existieren draußen Personen oder Gruppen, die intern im Unternehmen geschätzt werden und sich für das Projekt aussprechen. In dem Fall ist es aussichtsreich, die externen Mittler in die interne Kommunikation zu integrieren, um ein positives Echo von außen zu erzeugen. Das Spektrum der externen Gruppen reicht von den Anwohnern im Umfeld über renommierte Experten und Kommunalpolitiker bis zu den Medien. Beim Austauschprogramm entschließt sich das Unternehmen, den lokalen Deutsch-Amerikanischen Freundeskreis einzubeziehen, deren Mitglieder ihre Begeisterung an die eigene Belegschaft weitergeben.

→ **Kommunikationsabsender** – Die Projektkommunikation braucht einen Absender, sodass die Mitarbeitenden erkennen, wer mit ihnen kommuniziert. Absender kann der Chef sein, ein Repräsentant der projektrelevanten Fachabteilung oder eine andere Person im Unternehmen. Der Absender muss dabei nicht unbedingt der Auftraggeber sein. Wichtig ist jedoch: Je akzeptierter der Absender, desto größer die Akzeptanz der Kommunikation. Wer tritt beim Austauschprogramm als Absender auf? Die Verantwortlichen entscheiden sich für die Leiterin des Austauschprogramms, die für ihr Programm brennt und das auch vermitteln kann.

Die Kommunikationsmanagerin und ihr Projektteam stellen im Workshop eine übersichtliche Struktur der Bezugsgruppen auf. Falls im Rahmen der Analyse eine Stakeholder-Map erstellt wurde, schauen sie zuerst auf das entsprechende Flipchart, denn dort finden sich maßgebliche Hinweise. Zuerst werden die Schlüsseladressaten fokussiert, dann die Rahmenadressaten ergänzt sowie die passenden internen Mittler ins Spiel gebracht. Falls erfolgversprechend, zieht das Team lohnende externe Gruppen hinzu. Nicht zu vergessen: Es muss die Absenderrolle bestimmt werden.

Das Ergebnis ist eine Struktur in Stichworten, die alle relevanten Bezugsgruppen für das anstehende Kommunikationsprojekt anführt. Sie sollte kompakt auf ein Flipchart passen, denn jede Gruppe, die aufgeführt wird, muss später in der Kommunikation gezielt angesprochen werden. Nimmt das Team zu viele Bezugsgruppen ins Visier, erschwert das die Kommunikationsarbeit.

Uns begegnen Projekte, in denen Verantwortliche 20, 30, und mehr Bezugsgruppen definieren, die eine spezifische Ansprache benötigen. Auch wenn methodisch alles richtig gemacht wird, ist ein solch hoher Differenzierungsgrad im Kommunikationsalltag nur schwer realisierbar. Hat die Kommunikationsmanagerin ein großes Spezialistenteam und ein hohes Budgetvolumen für die Umsetzung zur Verfügung, dürfte die differenzierte Ansprache kein Problem sein. Fehlen ihr die Ressourcen und ist sie allein auf weiter Flur, wird eine komplexe Struktur der Bezugsgruppen zur Stolperfalle. Die Qualität der Ansprache sinkt und damit verliert die Kommunikation an Überzeugungskraft.

Digitale Bibliothek: Struktur der Bezugsgruppen

Wen soll die Kommunikationsaktion erreichen? Die Ansprache erfolgt in der Zentrale und den Standorten gleichzeitig und gleichberechtigt. Wir machen keine regionalen Unterschiede.

Die **Schlüsseladressaten** stehen im Blickpunkt. Dazu gehören alle Mitarbeitenden im technischen Bereich und in der Kundenbetreuung. Denn sie profitieren direkt vom Bibliotheksangebot. Wir differenzieren bewusst nicht weiter, trotz der unterschiedlichen Haltung sprechen wir ältere und jüngere Mitarbeitende gleich an.

Zu den **Rahmenadressaten** gehören alle Mitarbeitende in Verwaltung, IT-Abteilung und Services. Für sie gibt es in der digitalen Bibliothek zurzeit kein passendes Angebot. Sie können zwar ausleihen, aber das Interesse an Fachliteratur vom Baustoffbuch bis zur Stadtplanung dürfte begrenzt sein.

Als **interne Kommunikationsmittler** nutzen wir zum einen die Führungskräfte, die motiviert werden sollen, das Thema in ihre Bereiche zu tragen. Die frühen Nutzer der Bibliothek sind die zweite Mittlergruppe, die wir als Empfehlende gewinnen wollen.

Als **externe Kommunikationsmittler** beziehen wir ausgewählte Fachbuchverlage und ihre Autoren ein. Erste Kontakte wurden bereits aufgenommen.

Kommunikationsabsender ist unser Weiterbildungsbeauftragter, der quasi als „Bibliothekar" fungiert. Naheliegend wäre Roman Ludwig als Initiator gewesen. Wir haben uns dagegen entschieden, denn wir befürchten, dass durch das Etikett „Idee vom Chef" eine gewisse Distanz entstehen könnte.

Profil der Bezugsgruppen bestimmen

Die Struktur der Bezugsgruppen umreißt, wen das Kommunikationsprojekt ansprechen will. Sie ermöglicht eine differenzierte, aber noch keine einfühlsame Kommunikation. Um mit der Ansprache den richtigen Nerv der Mitarbeitenden zu treffen, muss das Projektteam eine klare Vorstellung entwickeln, wie die Bezugsgruppen denken, fühlen und handeln. Das gilt vor allem für die Schlüsseladressaten, da sie entscheidend für den Kommunikationserfolg sind. Zwei Wege des „Profiling" führen zum Ziel.

Beim **klassischen Bezugsgruppenprofil** beschreibt das Workshop-Team die maßgeblichen Merkmale der wichtigen Bezugsgruppen auf Basis der unternehmensinternen Daten, Fakten und Statistiken (objektive Faktoren), sowie aus den Eindrücken durch persönliche Beobachtungen und Gespräche (subjektive Faktoren). Je nach Aufgabenstellung kann es passieren, dass für die Kommunikation mehrere Bezugsgruppen eine tragende Rolle spielen. Ist das der Fall, dann erarbeitet das Projektteam für jede Gruppe ein spezielles Profil. Mehr als drei oder vier Profile sollten es allerdings nicht werden.

Die Profile erfassen die maßgeblichen Merkmale aus vier Kategorien:

→ **Statistische Merkmale** – z. B. Gruppengröße, Altersverteilung, Geschlecht, Nationalität, Arbeitsort, Betriebszugehörigkeit oder Stellung im Unternehmen.

→ **Psychografische Merkmale** – z. B. Einstellung zum Unternehmen, Arbeitsmotivation, Vorurteile, Ängste und Wünsche.

→ **Verhaltensbezogene Merkmale** – z. B. Kommunikationsverhalten, Gebrauch der internen Medien, Nutzung betrieblicher Angebote.

→ **Projektbezogene Merkmale** – z. B. Interesse am Kommunikationsthema, konkrete Vorteile und Nachteile des Projektgegenstands, gefühlte Hoffnungen und Sorgen.

Beispielsweise stellt das Projektteam fest, dass die Schlüsseladressaten zu 70 % männlich sind, im Durchschnitt über zehn Jahre im Unternehmen arbeiten und sich ihm fest verbunden fühlen. Sie arbeiten zu 17 % im Service, zu 60 % in der Produktion und gehören nicht zum Führungspersonal.

Mit der Nutzung der Social Media-Komponenten des Intranets tun sich die Schlüsseladressaten schwer. Und was das anstehende Kommunikationsthema angeht, reagieren sie verunsichert und trauen den Ankündigungen des Vorstands nicht, weil er viel verspricht und wenig einhält. Die genannten Erkenntnisse schaffen die Voraussetzung, um passgenau zu kommunizieren.

Das klassische Profil hilft, das allgemeine Bild der Bezugsgruppen zu schärfen, aber bei sensiblen Kommunikationsaufgaben mit kritischer Gemengelage reicht das oft nicht aus. Das Projektteam muss näher an die Gruppen herankommen, es will sich ein individuelles Bild machen und eine enge Beziehung aufbauen. Zu dem Zweck wird eine **Persona** zum Leben erweckt. Die reale Beschreibung von typischen Personen existiert als Kommunikationstool schon seit langer Zeit. In den letzten Jahren wurde sie neu entdeckt, mit dem Buzz-Begriff Persona versehen und als neuer Trend gehypt. Der Begriff Persona kommt ursprünglich aus der Psychologie und wurde von der Marketingkommunikation übernommen, dort spricht man von der „Buyer Persona".

Die Persona charakterisiert eine idealtypische Vertreterin aus der Bezugsgruppe. Sie ist in der Regel eine fiktive Person. In der internen Kommunikation bietet sich die Chance, die Persona an einem realen Mitarbeitenden festzumachen. Das muss jedoch mit viel Fingerspitzengefühl erfolgen, die betreffende Kollegin oder der betreffende Kollege darf sich keinesfalls in den Persönlichkeitsrechten verletzt und vorgeführt fühlen.

Das Bild der Persona setzt sich aus mehreren Facetten zusammen. Zu allererst braucht die Persona einen passenden Namen. Er wird mit Empathie gewählt, das Projektteam sympathisiert mit der Persona, baut keine ironischen Namensklischees auf. In der weiteren Projektarbeit nennt das Team die Persona beim Namen, alle freunden sich mit ihr an. Um das persönliche Verhältnis zu vertiefen, hilft ein Foto der fiktiven oder realen Person. Auf dem Tisch im Workshop-Raum steht ein Notebook und über die Web-Bildersuche lassen sich schnell passende Porträts finden, ausdrucken und an die Pinnwand hängen.

Dann folgen die typischen Charaktermerkmale der Persona. Es werden statistische, psychologische und verhaltensorientierte Merkmale beschrieben, die während der Recherchearbeiten gesammelt wurden. Das Team fertigt keine umfassende Beschreibung der Persona an, sondern erstellt einen kurzen, markanten Steckbrief. Insgesamt kommen 12 bis 15 typische Merkmale zusammen. Sobald die Persona beschrieben ist, schließen die Beteiligten im Workshop die Augen. Erscheint die Person vor ihrem geistigen Auge und kommt ihnen vertraut vor, dann ist alles bestens. Bleibt das Bild blass und unscharf, sollte an der Persona weiter gefeilt werden.

Die Persona muss nicht eine einzelne Person sein. Falls im Unternehmen viel in Teams gearbeitet wird und die Kommunikation auf den Teamgeist abzielt, kann ein typisches Team personifiziert werden.

In manchen Projekten teilen sich die Schlüsseladressaten in mehrere unterschiedliche Segmente auf. In dem Fall kann es erforderlich werden, mehrere Personae zu beschreiben. Wir haben Konzepte erlebt, die mit der Anzahl der Personae eine komplette Fußballmannschaft abbilden konnten. Für das Produktmarketing mag das in Ordnung sein, für die interne Kommunikation ist es eindeutig zu viel. Zwei bis drei Personae können im Konzeptionsworkshop zu guten Bekannten werden. Bei einer höheren Zahl stellt sich der gewünschte Effekt der Vertrautheit nicht mehr ein, die Personae bleiben fremd – und bringen die Workshop-Arbeit nicht wirklich weiter.

Abbildung 23: Die Einstellung der Persona

Es fehlt ein letzter Arbeitsschritt im Rahmen der Persona-Bildung. Die Workshop-Teilnehmenden erfassen, wie sich die Persona bezogen auf den Kommunikationsgegenstand verhält. Was passiert, wenn sie mit der Kommunikationsaufgabe konfrontiert wird? Um die Frage zu beantworten, kommt die sogenannte „Empathy-Map" zum Einsatz. Wir halten die Bezeichnung für misslungen, weder handelt es sich um eine Landkarte, noch geht es vorrangig um Empathie. Deshalb sprechen wir von der Darstellung der relevanten Verhaltens- und Einstellungsmuster. Die Kommunikationsmanagerin stellt fünf Fragen, und das Team antwortet darauf. Dabei reagiert es aus der Position der Persona, entsprechend werden die Antworten in wörtlicher Rede erfasst:

→ **Was sehe ich?** – Was nimmt die Persona in der Kommunikationssituation wahr? Sie beschreibt zum Beispiel eine Situation mit ihren Worten:

„Die neuen Firmen-E-Bikes sehen echt toll aus, wirken aber etwas groß und schwer, nichts für zierliche Personen. Und den Fahrradständer am anderen Ende des Gästeparkplatzes aufzustellen – Leute, das ist ja wohl ein Flop. Warum nicht seitlich direkt vor dem Personaleingang?"

→ **Was höre ich?** – Was hört die Persona aus dem Umfeld? Eine dritte Person – z. B. eine Kollegin der Persona – erklärt: „Mich bekommst du nicht auf so ein Ding, ich wüsste gar nicht, wie das geht!" Oder der Ehemann sagt: „Würde dir guttun, statt mit dem Firmenwagen mit dem E-Bike zu fahren, zumindest, wenn der Weg nicht zu weit ist und es nicht regnet."

→ **Was sage ich?** – Wie äußert sich die Persona, auf den Projektgegenstand angesprochen? Sie sagt: „Ich probier's mal aus. Allerdings wäre vorher eine Schulung nicht schlecht. Und muss ich beim Fahren einen dieser komischen Helme aufsetzen? Echt jetzt?"

→ **Was denke und fühle ich?** – Was kommt ihr in den Sinn, wenn sich die Persona mit dem Projektgegenstand auseinandersetzt? Sie denkt: „Wenn ich da zu den Ersten gehöre, macht das einen guten Eindruck beim Chef. Er sieht, ich bin Neuem gegenüber aufgeschlossen. Allerdings der Helm? Da hätten sie ruhig einen aussuchen können, der nicht so radrennfahrermäßig rüberkommt."

→ **Was tue ich?** – Was macht die Persona, wenn sie handelt? Die Persona berichtet offen und ehrlich von ihrem eigenen Handeln: „Zugegeben, ich habe im Kollegenkreis mehrmals verkündet, wie toll ich das finde. Aber ausprobiert habe ich das E-Bike bis heute nicht."

Beim Ausmalen des Verhaltens- und Einstellungsmusters werden positive wie negative Aspekte erfasst. Was bringt die Persona dem Projektgegenstand näher, was hält sie auf Distanz? Was bereitet ihr Vergnügen und was macht Probleme?

Das Projektteam hat die Persona erschaffen, ab sofort wird sie zur Mitwirkenden im weiteren Konzeptionsprozess. Sie ist immer imaginär im Raum und in Aktion. Alles, was im Kommunikationskonzept festgelegt wird, muss zur Persona passen. Findet sie sich nicht in der Kommunikation wieder, dann leuchten beim Team die roten Lämpchen auf. Gegen die Interessenlage der Persona darf nicht verstoßen werden.

Manchen Teams fällt es schwer, persönliche Bekanntschaft mit der imaginären Persona zu schließen. Sie erschaffen zwar die Person, aber eine halbe Stunde später haben sie sie wieder aus den Augen und dem Sinn verloren. Um das zu verhindern, gibt es einen Trick. Die Workshop-Teilnehmenden bitten ein Teammitglied, in die Rolle der Persona zu schlüpfen. Ab sofort ist das Mitglied die Persona und tritt entsprechend auf. Falls ihr im weiteren Konzeptionsprozess etwas gegen den Strich geht, fährt sie gleich dazwischen. Gefällt ihr ein Arbeitsergebnis, bestärkt sie das Team. Durch die reale Darstellung der Persona gewinnt die Arbeit an der Kommunikationskonzeption erheblich an Tuchfühlung zur Bezugsgruppe. Aber nicht nur in der Konzeption, auch in Planung und Steuerung gehört die Persona weiter zum Team. Sie mischt sich bis zum letzten Projekttag ein und lässt sich nichts gefallen.

Digitale Bibliothek: Persona

Wer ist der typische Nutzer der digitalen Bibliothek? Wir haben uns im Rahmen der Recherche in mehreren Gesprächen ein klares Bild gemacht. Hinzu kommen die Leserprofile einer aktuellen E-Book-Studie. Die Persona ist frei erfunden, hat aber Ähnlichkeiten mit Personen in unserem Unternehmen.

Sebastian Reinholt, genannt „Basti", 45 Jahre, ist Bauingenieur im Bereich Betonbau, seit zwölf Jahren im Unternehmen, verheiratet, drei Kinder. Sebastian fühlt sich wohl im Unternehmen, seine Arbeit füllt ihn aus. Sein großer Ehrgeiz ist, in nächster Zeit bei LudwigPlan größere Projekte leiten zu dürfen, zu dem Zweck hat er bereits mehrere Weiterbildungen besucht.

Foto: Pixabay, DJMAX

Die digitale Bibliothek interessiert ihn. Er hat zwar in den letzten Jahren keine Fachbücher mehr gekauft, aber ihm ist klar, dass diese Vernachlässigung ein Fehler war. Zumal sich in seinem Bereich viel getan hat. Vor allem, wenn es um den innovativen Carbonbeton geht, will er am Ball bleiben. Er nimmt sich vor, gleich bei nächster Gelegenheit zu schauen, was die Bibliothek für ihn zu bieten hat.

Wie er im Geschäft kommuniziert? Sein Smartphone und sein Notebook nutzt er ständig. Über Branchennews informiert er sich im Internet, in die Fachzeitschriften schaut er nur selten. Das Intranet von LudwigPlan ist für ihn reine Routine. Dort informiert er sich bei Bedarf, die neuen Social Media-Funktionen hat er noch nie genutzt. Nicht zu vergessen: Seine Frau liest öfter E-Books. Er selbst hat es kurz ausprobiert, aber mehr nicht.

Die Positionierung

Positionierung fixieren

Mit der Positionierung legt das Team fest, welche Rolle der Projektgegenstand zukünftig auf der Bühne der internen Öffentlichkeit spielen soll. Der Begriff Positionierung stammt ursprünglich aus dem Marketing. Dort verstehen die Fachleute darunter die Einordnung des Unternehmens auf dem Markt in Abgrenzung zu den Mitbewerbern. Das Unternehmen strebt eine souveräne Alleinstellung an, eine herausragende Position im Absatzgebiet, die nicht von den Konkurrenten besetzt ist.

In der internen Kommunikation geht es nicht um Markt und Wettbewerb. Hier bestimmt die Positionierung die psychologische Einordnung des Projektgegenstands in den Köpfen der Bezugsgruppen. Welches markante Bild soll im Kopf geprägt und verankert werden? Das Ergebnis der Positionierung in der internen Kommunikation ist ein sogenanntes „Positioning Statement". Darunter verstehen wir eine kurze, treffende Textaussage, die das Bild beschreibt, das die Bezugsgruppen verinnerlichen sollen.

Warum ist die richtige Positionierung entscheidend? Sobald ein Projektgegenstand kommuniziert wird, entsteht in den Köpfen der Bezugsgruppen automatisch ein Bild. Die Entstehung darf das Projektteam nicht dem Zufall überlassen, denn die Gefahr wäre groß, dass ein schiefes oder gar falsches Bild entstünde. Der erste Eindruck prägt, sagt der Volksmund, und in dem Fall hat er Recht. Daher muss dieser wichtige Eindruck unbedingt bewusst bestimmt werden.

Die Kommunikation mit den Mitarbeitenden erfolgt ausnahmslos aus der Positionierung heraus, alles wird daran ausgerichtet, Ausnahmen gibt es nicht. Die Positionierung fixiert also den grundlegenden Referenzpunkt der zukünftigen Kommunikation. Damit stellt das Projektteam einen geschlossenen Kommunikationsauftritt auf der internen Bühne sicher. Und Geschlossenheit ist wichtig, in einer Zeit, in der die Mitarbeitenden mit einer steigenden Kommunikationsflut kämpfen und als Reaktion immer häufiger dichtmachen. Jede Botschaft baut auf der Position auf, jede Story setzt sie lebendig in Szene, jede Maßnahme handelt in ihrem Sinne. Sogar die Tonalität der Kommunikation passt dazu. Durch den konsistenten Auftritt entsteht mit der Zeit – steter Tropfen höhlt den Stein – das angestrebte Bild in den Köpfen der Bezugsgruppen.

Die strategische Positionierung versteht sich als Soll-Größe. Das heißt, der Projektgegenstand hat die Position noch nicht erreicht, vielmehr strebt er sie für die Zukunft an. Dabei darf die Positionierung keinesfalls übertrieben wirken und sich zu weit aus dem Fenster lehnen, denn in dem Fall würde sie bei den Mitarbeitenden keine Akzeptanz finden. Ehrgeizig ja, aber nicht großspurig.

Kommen wir erneut auf unser Unternehmen mit den E-Bikes zurück. Es will die Mitarbeitenden begeistern, die Bikes auf kurzen Dienstfahrten zu nutzen. Positioniert das Unternehmen die Fahrräder als „Quantensprung in der Mobilität unseres Zukunftsunternehmens", dann dürfte das zu spöttischen Reaktionen bei den Kolleginnen und Kollegen führen: „Geht's nicht ´ne Nummer kleiner?" Bessere Aussichten hätte eine Position wie: „Mobilmachung für saubere Luft in unserer Heimatstadt".

Um an der Stelle einem gängigen Missverständnis vorzubeugen: Eine Positionierung ist kein spruchreifer Slogan. Mit den Worten, mit denen die Position im Konzeptionsworkshop formuliert wird, geht sie nie nach außen. Methodisch gesehen versteht sich das Positioning Statement als eine strategische Festlegung, an der sich alle Projektbeteiligten orientieren.

Wie entwickelt das Team die Position? Falls es in der Analyse ein Radarbild des Projektgegenstands erstellt hat, kommt das Bild an der Stelle erneut zum Einsatz. Seine Koordinaten liefern wertvolle Anhaltspunkte für eine tragfähige Position. Ansonsten positionieren die Teammitglieder den Projektgegenstand über ausgewählte positive Faktoren aus den Feldern der Projektvorteile und Umfeldpotenziale, die bereits in der Statusanalyse erfasst wurden. Die positiven Faktoren sollen der Position die nötige Zugkraft geben. Im Konzeptionsworkshop sichten die Mitglieder die in Frage kommenden Faktoren und wählen aus.

Die reine Konzeptionslehre fordert, möglichst spitz über einen einzigen Faktor zu positionieren. Das wäre in der Tat ideal. Das Projektteam wird aber schnell entdecken, dass ein einzelner Faktor selten stark genug ist, um auf Dauer die komplette Projektkommunikation zu tragen. Darum ist es den Teammitgliedern erlaubt, zwei oder drei Projektvorteile miteinander zu verbinden. Die gewählten Faktoren dürfen nicht einfach nebeneinandergestellt werden. Das Team bringt sie in Verbindung, sodass eine Symbiose entsteht, die eine neue Qualität entfaltet.

Im gleichen Arbeitsgang überprüft das Team das Feld der Umfeldpotenziale. Möglicherweise findet sich dort ein Faktor, der die angestrebte Position wie ein Booster verstärkt. Wenn ja, dann fließt er in die Positionierung ein. So weist beispielsweise die neue Kantine eines Unternehmens zwei große Vorteile auf. Sie verwendet nur biologisch angebaute Produkte und alle kommen aus der Region. Auf der Potenzialseite der Statusanalyse verweist ein Faktor darauf, dass das Unternehmen unlängst den Nachhaltigkeitskodex des Rats für nachhaltige Entwicklung unterschrieben hat. Das passt prima zusammen! Also verbindet die Positionierung die biologisch angebauten Produkte aus der Heimat mit dem Nachhaltigkeitsbekenntnis des Unternehmens.

Eine Positionierung aus drei Faktoren bildet das Maximum. Sobald das Team im Workshop anfängt, mehr Faktoren einzubeziehen, entsteht ein übergewichtiges Konstrukt, das für alles Mögliche, aber für nichts richtig steht. Hier muss die interne Kommunikationsmanagerin eingreifen und Grenzen setzen. Es besteht auch kein Grund, die Positionierung so breit aufzustellen. Denn die Verbindung von zwei oder drei Faktoren aus der Statusanalyse ermöglicht eine Vielzahl von Kombinationen, von denen mehrere eine attraktive Position ergeben. Die Teammitglieder diskutieren die verschiedenen Varianten, bevor sie die schwachen aussieben. Übrig bleiben zwei, drei mögliche Kombinationen, die richtig Power haben und deshalb in die engere Wahl kommen.

Aus den Faktoren-Kombinationen in der Endauswahl wird jeweils ein Positioning Statement formuliert. Das Statement fasst in einem markanten Satz zusammen, welches Bild in den Köpfen der Bezugsgruppen verankert werden soll. Im Ausnahmefall dürfen es zwei Sätze sein. Längere Abhandlungen sind tabu.

Obwohl es sich um ein kurzes Statement handelt, bereitet die Positionierung vielen Konzeptionsteams Probleme. Als Hilfestellung folgen deshalb zwei Beispiele für tragfähige Positionierungen in der internen Kommunikation. Projektgegenstand ist ein Pocket-Guide mit Regeln zur Betreuung von Kunden auf ausländischen Märkten. Die Kommunikationsaufgabe fordert, dass alle Mitarbeitenden im Kundenkontakt das Brevier lesen. Wofür könnte der Guide stehen? Nennenswerte Projektvorteile sind der hohe Nutzeffekt der Tipps und der kompakte Umfang. Als Potenzial aus dem Umfeld kommt hinzu, dass das Unternehmen verstärkt im Auslandsgeschäft reüssieren will. Der Pocket-Guide positioniert sich in der Folge nicht als Einengung, sondern als Hilfestellung, und das entsprechende Positioning Statement lautet: „Der neue Guide ist ein nützlicher kleiner Helfer für unseren Aufstieg in die internationale Liga."

Beim zweiten Beispiel ist der Projektgegenstand ein dreitägiger CEO-Besuch aus dem kanadischen Mutterunternehmen. Als Kommunikationsaufgabe steht an, dass sich die Mitarbeitenden an den Besuchstagen kompetent präsentieren. Projektvorteile sind die Chancen einer Aufstockung des F&E-Etats und die langersehnte Genehmigung, in Deutschland endlich eigene Produkte entwickeln zu dürfen. Im Blickpunkt steht nicht Korrektheit in Bekleidung und Verhalten an den Besuchstagen, das wäre kleinkariert. Die Positionierungsaussage hängt den Anlass hoch: „Mehr Forschung und eigene Produkte sind unser Traum, jetzt kann der Traum Wirklichkeit werden! Unsere Mitarbeitenden sind topfit vorbereitet und verstehen den Besuch als große Chance."

Digitale Bibliothek: Positionierung

Wofür soll die digitale Bibliothek bei LudwigPlan stehen? Mit welchem Selbstverständnis schaffen wir den Durchbruch in unserer Firma? Die Positionierung beschreibt das positive Bild, das wir in den Köpfen verankern wollen. Wir positionieren die Bibliothek nicht als Pflicht oder Lernaufwand. Es ist ein Sprungbrett für Unternehmen und Mitarbeitende.

Diese Positionierung dient als grundlegender Referenzpunkt für die gesamte Kommunikationsaktion. Alle Botschaften und Themen richten sich an der Position aus. Alle Maßnahmen handeln in ihrem Sinne:

Wissen, das stark macht

Die digitale Bibliothek steckt voller wertvollem Wissen, das uns stark für die Herausforderungen der Zukunft macht. Unsere Mitarbeitenden bauen ihren Wissensvorsprung aus, und unser Unternehmen profitiert davon.

Positionierung überprüfen

Angenommen, das Projektteam hat im Workshop zwei Positioning Statements formuliert und beide wirken überzeugend. Die einen im Team sprechen sich für die erste, die anderen für die zweite Position aus. Wie kommen die Teammitglieder zu einer Entscheidung? Bauchgefühl? Mehrheitsentscheidung? Besser nicht. Die Kommunikationsmanagerin schlägt in der Situation einen Eignungscheck vor.

Am Schluss der Positionsbestimmung werden die Positionierungsvarianten der engeren Wahl auf ihre Eignung geprüft und die beste ausgewählt:

→ **Überzeugt die Positionierung die Bezugsgruppen?** – Das muss gewährleistet sein, denn schließlich wurde die Position für die Mitarbeitenden entwickelt. Eine erfolgreiche Position schließt direkt an Einstellung und Erwartungshaltung der Bezugsgruppen an und bleibt hängen. Ist zu vermuten, dass die Mitarbeitenden auf Distanz gehen, dann ist die Positionierung nicht geeignet.

→ **Wird die Positionierung von Handicaps beeinträchtigt?** – Im zweiten Schritt des Checks schaut das Team in die Statusanalyse und hier speziell in die Felder „Nachteile des Projektgegenstands" und „Probleme im Umfeld". Falls einer oder mehrere Faktoren als Gegenkräfte wirken und drohen, die Position in Schieflage zu bringen, ist Vorsicht geboten. Lassen sich die Handicaps ausschließen? Wenn nein, ist das Urteil eindeutig: Diese Position eignet sich nicht als stabiler Perspektivpunkt der Kommunikation.

→ **Ist die Position von anderen Projekten besetzt?** – Wo stehen die anderen Projekte der internen Kommunikation, die aktuell in der internen Öffentlichkeit präsent sind? Gab es in der Vergangenheit Projekte im Unternehmen, deren starke Positionen bis heute nachwirken? Will das aktuelle Kommunikationsprojekt die gleiche Position besetzen, dann ist eine Prüfung anzuraten. Das Projektteam nimmt sich Zeit und diskutiert, ob es Wirkungsverluste durch Überschneidungen zwischen den Kommunikationsprojekten geben könnte. Sind diese augenscheinlich und eine Abgrenzung schwierig, entscheiden sich die Workshop-Teilnehmenden besser für eine andere Position.

Die Entscheidung fällt auf die Positionierung, die sich nach dem Check gegenüber den anderen Varianten einen Vorsprung herausgearbeitet hat. Sie bildet ab sofort den Referenzpunkt für das interne Kommunikationsprojekt. Es muss aber nicht mehrere Varianten geben, das Statement wird ebenso auf Eignung überprüft, wenn nur eine Positionierung ausgearbeitet wurde. Die Eignung muss in jeden Fall gesichert sein.

Die Positionierung ist für alle Projektbeteiligten bindend. Die interne Kommunikationsmanagerin, das Projektteam, die Redakteurin des Intranets, der freie Grafiker, die Eventabteilung des Unternehmens – alle handeln im Sinne der Position. Sie steht nicht zur taktischen Disposition und darf nur aus wichtigen Gründen geändert werden.

Die Botschaften

Dachbotschaften ableiten

Von der Positionierung wechseln wir zu den Dachbotschaften. Die Positionierung bringt die besondere Rolle auf den Punkt, die der Projektgegenstand in der internen Öffentlichkeit spielen soll. Die Dachbotschaften bestimmen, welche grundlegenden Aussagen die Rolle prägen. Sie setzen damit den strategischen Rahmen für die inhaltliche Gestaltung der Kommunikation.

Die interne Kommunikation eines Unternehmens produziert jede Menge Inhalte: in Intranetbeiträgen, Rundbriefen, Faltblättern, Flyern, Infoplakaten und mehr. Alle Inhalte kommunizieren im Sinne der Dachbotschaften. Die Projektkommunikation bleibt mit ihren Themen, Bildern, Storys, Aktionen, Ereignissen immer innerhalb des Rahmens.

Strategische Dachbotschaften sind prägende Grundaussagen, die über die gesamte Kommunikationsperiode hinweg intensiv kommuniziert werden. Sie grenzen sich von taktischen Botschaften ab, die nur kurzfristig zum Einsatz kommen und einen konkreten Sachzusammenhang formulieren. „Mit unserer neuen Betriebs-Kita verbessern wir die Vereinbarkeit von Familie und Arbeit", verkündet die Dachbotschaft. Die damit zusammenhängende taktische Botschaft würde lauten: „Im März eröffnet unsere neue Kita. Anmeldungen werden ab sofort entgegengenommen."

Die Dachbotschaften sind wie die Positionierung strategische Soll-Größen, die Inhalte oft neu und unbekannt, sie müssen sich erst durchsetzen. Die Bezugsgruppen sollen sie wahrnehmen und lernen. Spricht man die Mitarbeitenden am Ende der Periode auf die Botschaften an, dann können sie die Inhalte mit ihren eigenen Worten wiedergeben.

Auch in der externen Kommunikation gibt es Dachbotschaften. Ihr Zweck ähnelt den internen Botschaften, dennoch gibt es einen essenziellen Unterschied. Interne Botschaften sind echter und aufrechter. Auf vollmundige Marketing- und PR-Versprechungen, wie in der externen Kommunikation weit verbreitet, verzichtet das Projektteam. Sobald die Botschaften zu dick auftragen, riskiert das interne Kommunikationsprojekt seine Glaubwürdigkeit. Denn viele Mitarbeitende haben ein feines Gespür für Phrasen und reagieren allergisch. Zum Anspruch der Authentizität gehört auch, dass die internen Dachbotschaften negative Tatbestände beim Namen nennen und Fehler eingestehen. Unsere Erfahrung zeigt, dass ein internes Kommunikationsprojekt, das die Probleme offen anspricht, eher Gehör findet und Glaubwürdigkeit gewinnt.

Die Entwicklung einheitlicher Dachbotschaften stellt sicher, dass alle, die für das Projekt kommunizieren, mit einer Stimme sprechen. Mit einer Stimme bedeutet nicht, dass alle das Gleiche erzählen, inhaltliche Uniformität würde die internen Bezugsgruppen misstrauisch machen. Vielmehr fassen die Beteiligten die Botschaften in ihre eigenen Worte, unterlegen sie mit persönlichen Erfahrungswerten, Geschichten und Beispielen. Innerhalb des Bedeutungsrahmens der Dachbotschaften kann sich jeder frei bewegen.

Abbildung 24: Die Prinzipien für starke Dachbotschaften

Bevor das Projektteam im Workshop die Dachbotschaften zusammenstellt, ruft die Kommunikationsmanagerin den Teilnehmenden die grundlegenden Konstruktionsprinzipien ins Gedächtnis.

Das erste Prinzip lautet: **Weniger Botschaften sind mehr!** Die interne Kommunikation reduziert die Komplexität der Inhalte und konzentriert sie auf wenige gute Gründe, die sofort einleuchten. Auf der Ebene der strategischen Dachbotschaften sind lange Argumentationsketten tabu, denn sie verhaken sich und führen zu Missverständnissen. Die Bezugsgruppen verstehen nur Bruchstücke und setzen sie falsch zusammen. Lernfreundlich und für Projekte mit einfacher Aufgabenstellung ausreichend ist eine Kombination aus drei Dachbotschaften. So lassen sich die Inhalte übersichtlich und geschlossen transportieren, der Rezipient versteht schnell, was Sache ist. Bei inhaltlich komplexeren Projekten braucht es vier oder fünf Botschaften für das Verständnis. Sie benötigen aber mehr Kommunikationsdruck und -disziplin, um sich einzuprägen. Mit sechs und sieben Botschaften erreicht das Projektteam die Grenze. Weniger wäre besser, mehr geht keinesfalls. Mit acht, neun oder zehn Botschaften hat das Team die Kommunikation überfrachtet und die Bezugsgruppen überfordert.

Das zweite Konstruktionsprinzip: **Botschaften sind einfach**. Die Mitarbeitenden können die Inhalte sofort erfassen, einmal gehört oder gelesen – und schon macht es klick. Müssen die Bezugsgruppen zweimal hinsehen und nachdenken, dann hat die Botschaft schon verloren. Einzelne Mitarbeitende mögen sich weitergehende Gedanken machen, aber die große Mehrheit geht zum nächsten Tagesordnungspunkt über. Aus dem Grund darf eine Dachbotschaft nie mehrere inhaltliche Aspekte mixen, sondern muss sich auf einen maßgeblichen Gesichtspunkt konzentrieren. Entsprechend kann eine Botschaft bekannt geben: „Unsere Betriebsrenten-Beratung wird von versierten Fachleuten einer neutralen Beratungsstelle durchgeführt." Da läuft die inhaltliche Linie geradeaus und hat eine klare „Message". Gefährlich wäre eine Dachbotschaft wie: „Unsere Betriebsrentenberatung wird von versierten Fachleuten einer neutralen Beratungsstelle durchgeführt, kann während der Arbeitszeit in Anspruch genommen werden und ist für fest angestellte Mitarbeitende kostenlos." Da stehen zu viele Aspekte nebeneinander und die „Message" wird darunter begraben.

Das dritte Prinzip haben wir bereits an anderer Stelle erwähnt: **Botschaften sind ehrlich**. Das interne Kommunikationsprojekt verzichtet auf Übertreibungen und vollmundige Versprechungen. Es kommuniziert ehrlich, steht zu Fehlern, spricht Probleme aus und bleibt auf dem Boden der Tatsachen. Interne Kommunikation ist kein Marketing.

Botschaften brauchen Beweiskraft, lautet das vierte Prinzip. Sie dürfen keinesfalls nur behaupten, sondern müssen die Inhalte plausibel untermauern. Jede Botschaft steht auf dem Boden der Tatsachen. Sie ist beweiskräftig und leuchtet den Bezugsgruppen sofort ein. Eine Botschaft ohne die nötige Beweiskraft läuft Gefahr, von den Zielgruppen in Zweifel gezogen zu werden. Im Extremfall kann sie die gesamte Kommunikation in Misskredit bringen, da bereits eine einzelne unglaubwürdige Botschaft negativ auf alle anderen Kommunikationsinhalte abstrahlt.

Botschaften gefallen den Adressaten, heißt das letzte Prinzip. Sie sind keine Nabelschau der Chefetage oder Selbstverwirklichung der Fachabteilung. Wirksame Botschaften versetzen sich in die Persona. Wo steckt im Botschaftsinhalt der Vorteil für die Persona? Jede Botschaft muss so formuliert werden, dass der „Benefit" sofort einleuchtet und für den Botschaftsempfänger Gewicht hat.

Jetzt kennen alle die Regeln und die Dachbotschaften können in Angriff genommen werden. Das Projektteam wendet sich der Statusanalyse zu, schaut in die Felder der Projektvorteile und Umfeldpotenziale. Dort stehen die Faktoren, aus denen sich die Botschaften entwickeln: Lass für dich sprechen, was für dich spricht.

Nicht aus allen, nur aus den wirklich maßgeblichen Faktoren der Statusanalyse wird eine Botschaft formuliert. Entwirft das Projektteam im Workshop zu viele Dachbotschaften, dann wird erst einmal gesammelt, bewertet – und danach gekürzt. Entweder fallen einzelne Botschaften heraus oder zwei werden zu einer verbunden. Falls die beiden harmonieren und eine gemeinsame schlüssige Aussage ergeben, können jederzeit zwei Faktoren in einer Dachbotschaft verschmelzen.

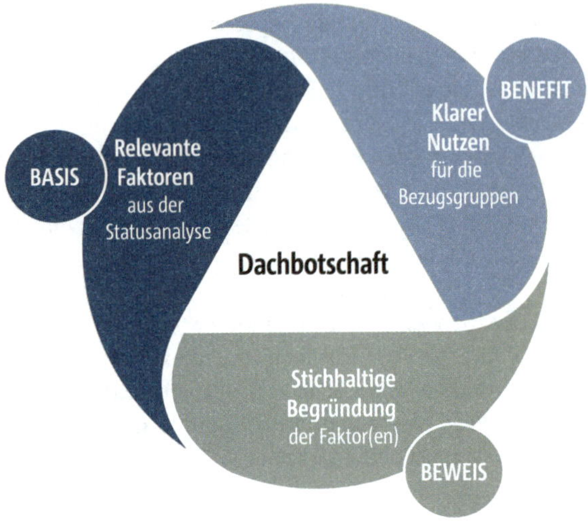

Abbildung 25: Die drei Bestandteile einer Botschaft

Die Faktoren aus der Statusanalyse bilden die Basis jeder Botschaft. „Hohe Qualität der betrieblichen Altersvorsorge“ oder „Diskretionsgarantie für interne Whistleblower“ heißt es zum Beispiel. Aber diese Aussagen sind erst einmal nur Behauptungen. Misstrauische Mitarbeitende könnten den Verdacht äußern: „Große Worte und wahrscheinlich nichts dahinter!“ Aus dem Grund braucht jede Botschaft eine Begründung. Gefordert sind belegbare Indizien für die proklamierten Faktoren. Die Begründung müsste sich in den vorliegenden Informationen aus der Analysephase finden lassen oder der Projektexperte des Teams weiß weiter. Die hohe Vorsorgequalität wird mit einem Prüfsiegel begründet, die Diskretionsgarantie mit der Integration eines externen Vertrauensanwalts.

Aber mit einer beweiskräftigen Begründung ist es nicht getan. Das Projektteam formuliert die Botschaften für die Bezugsgruppen, und für sie ist der Nutzen von vorrangigem Interesse. Darum richtet das Team die Aussage am Benefit aus, sodass die Mitarbeitenden sofort erkennen, wieso es sich lohnt. Basis, Begründung und Benefit sind elementare Bestandteile, die in keiner Dachbotschaft fehlen dürfen. Eine Dachbotschaft behauptet: „Seit 50 Jahren sind wir ein verantwortungsvoller Arbeitgeber. Diese Tradition spricht für sich." Die Tradition als Arbeitgeber wird zwar sehr selbstbewusst formuliert, aber der Nutzen für die Mitarbeitenden bleibt vage und die Begründung wirkt arrogant. Besser wäre: „Seit 50 Jahren bieten wir überdurchschnittliche Bezahlung und ein Sorglos-Paket mit umfassenden Sozialleistungen. Die höchste Mitarbeiterloyalität im Branchenvergleich zeigt, dass wir auf dem richtigen Weg sind."

Ein anderer häufiger Schwachpunkt bei der Begründung einer Botschaft ist der Umstand, dass zu viele Indizien in die Beweisführung gepackt werden und das Ergebnis sich kompliziert liest. Was für einen Anwalt vor Gericht von Vorteil sein mag, fällt einem Kommunikationsteam schnell auf die Füße. Überladene Beweisführungen verlieren bei den Bezugsgruppen beträchtlich an Glaubwürdigkeit, auch wenn sie inhaltlich richtig sind. Unsere Empfehlung lautet: Keine Kombination von mehreren Belegen, sondern eine einfache, stichhaltige Tatsache als Begründung der Botschaft, die gleich beim ersten Hören oder Lesen einleuchtet.

Im Bedarfsfall können auch Projektnachteile und Umfeldprobleme in eine Dachbotschaft einfließen. Die Workshop-Teilnehmenden checken, ob es einen negativen Faktor in der Statusanalyse gibt, der für die Bezugsgruppen eine hohe Auswirkung hat. Falls ein solcher Faktor identifiziert wird, baut das Team eine entsprechende Botschaft in den inhaltlichen Rahmen ein. Sie ist ehrlich, nennt die Probleme beim Namen, aber sie darf keinesfalls mutlos sein. Der Negativfaktor wird mit vorhandenen Projektvorteilen oder Umfeldpotenzialen so kombiniert, dass ein positiver Lösungsweg zu erkennen ist. Zum Beispiel: Ein Unternehmen geht offen damit um, dass im Rahmen eines anstehenden Change-Prozesses die bewährten Abteilungen aufgelöst werden und damit viele Mitarbeitende ihre gewohnten sozialen Bezüge verlieren. Eine entsprechende Dachbotschaft nimmt darauf Bezug: „Aus Abteilungen werden leistungsstarke Teams. Für viele Kolleginnen und Kollegen ist das eine große Umstellung, die wir nicht dem Zufall überlassen, sondern mit Teambuilding- und Trainings-Aktivitäten begleiten."

Später in der Projektrealisierung werden die Dachbotschaften nicht simpel proklamiert, sondern zum Leben erweckt. Sie sind der Rahmen für Themenplanung und Storytelling. Themen, Geschichten, News, Beispiele, Hintergrundinfos – alle kommunizieren im Sinne der Dachbotschaften.

Da die Menschen über sinnlich fassbare Stimuli besser lernen und erinnern, ist es für den Erfolg der internen Kommunikation wichtig, dass Botschaften auch auf der nonverbalen Ebene wirken. Sie fließen in die Bilderwelt des Kommunikationsprojekts ein, in dem Grafiker, Fotografinnen, Webdesigner, Filmemacherinnen sich ihrer annehmen und sie in Szene setzen.

Die Dachbotschaften prägen im Hintergrund die Inhalte des internen Kommunikationsprojekts. Ihre „Message" wird wiederholt und wiederholt, bis die Bezugsgruppen sie gelernt haben. Der internen Kommunikationsmanagerin ist klar, dass die Bezugsgruppen nur einen Bruchteil der Kommunikation bemerken. Wenn sie selbst die Botschaften nicht mehr hören kann und es ihr zu viel wird, ist es für die Bezugsgruppen gerade die richtige Dosis.

Digitale Bibliothek: Botschaften

Welche Argumente sprechen für die digitale Bibliothek? Mit den Botschaften legen wir die inhaltlichen Leitplanken der Kommunikationsaktion fest. Um einen schnellen Lerneffekt sicherzustellen, konzentrieren wir uns auf wenige Aussagen, die eine klare Sprache sprechen.

Wissen, was stark macht

1. **Erfolgreiches Wissen.** Mit der Eröffnung der Niederlassung in Mailand beginnt das nächste Kapitel unserer Erfolgsgeschichte: Wir steigen in die Europa-Liga auf. Um im internationalen Wettbewerb zu bestehen, müssen wir topfit sein.
2. **Umfassendes Wissen.** In der digitalen Bibliothek hat unser Weiterbildungsteam den aktuellen Stand des Branchenwissens gesammelt. Rund 700 Fachbücher stehen für uns bereit, von „Die Stadt der Zukunft" bis zum „Betonkalender".
3. **Passgenaues Wissen.** Wir können das Wissen sofort anwenden, denn das Buchangebot wird auf unsere Einsatzbereiche und Projekte zugeschnitten. Kommen neue Schwerpunkte hinzu, wird sich das sofort in der digitalen Bibliothek widerspiegeln.
4. **Nutzerfreundliches Wissen.** Unsere digitale Bibliothek hat 7/24 geöffnet. Mit einem Klick stehen alle Bücher für jeden jederzeit bereit. Wir dürfen im Buch unterstreichen und Notizen machen. Keine Kaffeeflecken, keine Rückgabe – einfacher geht's nicht.
5. **Geteiltes Wissen**. Gemeinsam entwickeln wir die digitale Bibliothek weiter. Wir bewerten, kommentieren, empfehlen und teilen Bücher. Wir entscheiden mit über Aufnahme oder Rausschmiss von Titeln. Bei uns ist Wissen mächtig im Kommen.

Die fünf Botschaften werden nicht einfach proklamiert, sondern durch unsere Aktion lebendig gemacht. Alles in allem stellen wir das E-Book-Lesen nicht als Pflichtübung, sondern als Erfolgserlebnis dar.

Teilbotschaften ergänzen

Dachbotschaften haben universellen Rang, als großes Dach überspannen sie die gesamte Projektkommunikation. Bei komplexen Kommunikationskonstellationen mit heterogener Bezugsgruppenkonstellation reichen die Dachbotschaften allein nicht aus. Es ist notwendig, differenzierter zu kommunizieren. An solchen Stellen kommen die Teilbotschaften ins Spiel. Sie ergänzen und spezifizieren die Dachbotschaften, bleiben diesen aber verpflichtet, ordnen sich unter das Dach ein und stärken es. Die schlüssige Kombination von Dach- und Teilbotschaften garantiert die inhaltliche Statik des Kommunikationsgebäudes. Mit Hilfe der Teilbotschaften bekommt das Projektteam zusätzliche Stellschrauben, kann die Inhalte der Kommunikation feiner justieren und in bestimmte Richtungen fokussieren.

Viele interne Kommunikationsprojekte kommen allein mit Dachbotschaften aus. Teilbotschaften werden nur eingesetzt, wenn es unumgänglich ist. Die interne Kommunikation geht sparsam mit ihnen um. Kommen Kommunikationsmanagerin und Projektteam zur Überzeugung, dass im vorliegenden Projekt stabilisierende Teilbotschaften unerlässlich sind, dann werden so wenige wie möglich formuliert. Da jede zusätzliche Botschaft einen höheren Lernaufwand erfordert, wüchse ansonsten die Gefahr, dass sich die Inhalte bei den Bezugsgruppen nicht ausreichend festsetzen.

Abbildung 26: Die Dach- und Teilbotschaften

Teilbotschaften sind Instrumente für punktgenaue Eingriffe, die an kritischen Stellen zur Anwendung kommen:

→ **Teilbotschaften für Ziele** – Das Projektteam hat die Kommunikationsziele festgelegt. Im Zielbündel gibt es ein Ziel, das aus der großen Richtung ausschert und einen Kurs einschlägt, den die Dachbotschaften nicht abdecken. Das abweichende Ziel wird mit einer zusätzlichen Teilbotschaft eingebunden. Da gibt es zum Beispiel ein Kommunikationsprojekt, das sich vornimmt, neue Teilnehmende für interne Qualifizierungsmaßnahmen zu finden. Entsprechend fokussieren sich die Dachbotschaften auf eine individuelle Beratung der Mitarbeitenden. Ein Ziel weicht ab und verlangt eine bessere Einbindung der Zertifizierungsstelle für die Qualifizierung. Deshalb schließt eine Teilbotschaft die Lücke und arbeitet heraus, dass die Firma zu den ersten gehört, die eine neue EU-weite Zertifizierungsnorm übernimmt.

→ **Teilbotschaften für Bezugsgruppen** – Die Bezugsgruppe ist heterogen und Teile der Gruppe haben eine stark abweichende Sicht der Dinge. In dem Fall kann es ratsam sein, die spezielle Teilgruppe mit Teilbotschaften einzubinden. In einem Versicherungsunternehmen betrachten die Mitarbeitenden über 60 Jahre den digitalen Wandel im Haus anders als jüngere Bezugsgruppen. Folglich werden die älteren mit speziell zugeschnittenen Botschaften adäquat angesprochen.

→ **Teilbotschaften für den Projektgegenstand** – Manche Projektgegenstände setzen sich aus mehreren Komponenten zusammen. Falls eine anders als die anderen ist und aus dem Rahmen der Dachbotschaften ragt, ergänzt das Projektteam eine Teilbotschaft nach Maß. Der Projektgegenstand eines internen Kommunikationsprojekts ist die neu eingeführte digitale Zeitmessung. Eine der Dachbotschaften stellt die Regelung für Überstunden heraus. Völlig aus dem Rahmen dieser Botschaft fällt die Überstundenregelung im Home-Office-Bereich. Daher geht eine Teilbotschaft darauf ein und schafft Klarheit.

→ **Teilbotschaften nach Zeit** – Das interne Kommunikationsprojekt hat ein Problem, das temporär gilt, zum Beispiel nur in der Startphase der Kommunikation oder begrenzt auf die Sommermonate. Dann wird eine zeitlich begrenzte Teilbotschaft formuliert. Ein Kommunikationsprojekt soll das neue Markendesign des Unternehmens nach innen verkaufen. In einer Prologphase vor der Einführung läuft für einige Wochen eine überleitende Teilbotschaft, die betont, dass das Design auf der bewährten Marke aufsetzt und keinen harten Bruch bedeutet.

→ **Teilbotschaften nach Raum** – Die Dachbotschaften sind der gemeinsame Nenner und überall gleich. Bei bestimmten Projekten stellt das Team in der Analyse signifikante geografische Unterschiede fest. Dann gibt es Teilbotschaften, die räumlich unterscheiden – nach Firmengebäuden, Standorten, Regionen, Ländern, Kontinenten oder Kulturen. Die interne Kommunikation für den Bau von Betriebswohnungen muss an einem

Standort im ländlichen Raum anders kommuniziert werden als in der Großstadt.

Bei der Ausarbeitung der Teilbotschaften gelten die gleichen Prinzipien wie bei den Dachbotschaften. Die relevanten Faktoren werden aus der Statusanalyse abgeleitet, implizieren stets eine überzeugende Begründung und einen Nutzen für die Bezugsgruppe.

Inhaltliche Kollisionen zwischen Dachbotschaften und Teilbotschaften sind zu vermeiden. Eine Teilbotschaft darf in keinem Aspekt dem Dach widersprechen, sie muss sich reibungslos und stimmig einfügen. Dachbotschaften haben Masterfunktion, die Teilbotschaften assistieren.

Die Handlungsstrategie

Handlungsstrategie entwickeln

Das Projektteam hat Ziele und Bezugsgruppen festgelegt, die Projektkommunikation mit Positionierung und Botschaften daran ausgerichtet. Als Nächstes ist zu klären, wie die Botschaften aus der Positionierung heraus zu den Bezugsgruppen transportiert werden. Die prägnanteste Positionierung und die überzeugendsten Dachbotschaften nutzen wenig, wenn der Transport nicht klappt. Dann war alles umsonst.

In der internen Kommunikation sind die Wege zu den Bezugsgruppen – verglichen mit der externen Kommunikation – vergleichsweise kurz, außerdem sind die Gruppen gut bekannt. Dennoch stellt sich das Kommunikationsterrain in vielen Projekten als schwierig, teilweise als tückisch heraus. Es muss dem Team gelingen, ohne Streuverluste den bestmöglichen Weg zu den Bezugsgruppen festzulegen. Die Handlungsstrategie definiert das optimale Vorgehen.

Ihre strategischen Koordinaten legen fest, über welche Wege die Kommunikationsinhalte zu den Bezugsgruppen gelangen. Die Routenführung der internen Kommunikation weicht Staus oder Sackgassen aus, nutzt Schnell- und Vorfahrtsstraßen. Der richtige strategische Weg kann die Wirkung der Kommunikation potenzieren. Auf dem falschen Weg droht sie, unterwegs stecken zu bleiben.

Wenn das Projektteam die Handlungsstrategie im Workshop ausarbeitet, achtet die Kommunikationsmanagerin darauf, dass nicht über Medien, Mittel und Maßnahmen im Detail diskutiert wird. Für konkrete operative Umsetzungsüberlegungen ist es zu früh, zum jetzigen Zeitpunkt werden lediglich die Richtlinien der Umsetzung festgelegt. Es entsteht eine Pflichtenliste mit grundlegenden Handlungsanweisungen.

Um die ideale Wegführung zu finden, schaut das Projektteam ein weiteres Mal auf die Statusanalyse. Hier sind die maßgeblichen Hinweise zu finden, aus denen sich strategische Richtlinien für die zukünftige Projektkommunikation ableiten lassen.

Das Feld der Projektvorteile in der Statusanalyse zeigt an, welche besonderen Fähigkeiten der Projektgegenstand hat, die das Konzept bei der Kommunikation mit den Mitarbeitenden als Verstärker nutzen kann. Die Projektnachteile verdeutlichen, welche projektspezifischen Handicaps den Transport der Kommunikationsinhalte behindern. Die Umfeldpotenziale stellen die Optionen im internen und externen Umfeld heraus, mit denen sich die Route zu den Bezugsgruppen abkürzen lässt. Die Umfeldprobleme weisen auf Gefahren und Hürden hin, die der Kommunikation unterwegs in die Quere kommen könnten.

Das Projektteam begutachtet die Faktoren aus den vier Feldern, um Ansatzpunkte für das richtige strategische Vorgehen zu entdecken. Dabei werden nicht alle Faktoren der Statusanalyse ins Spiel gebracht, nur die spielentscheidenden.

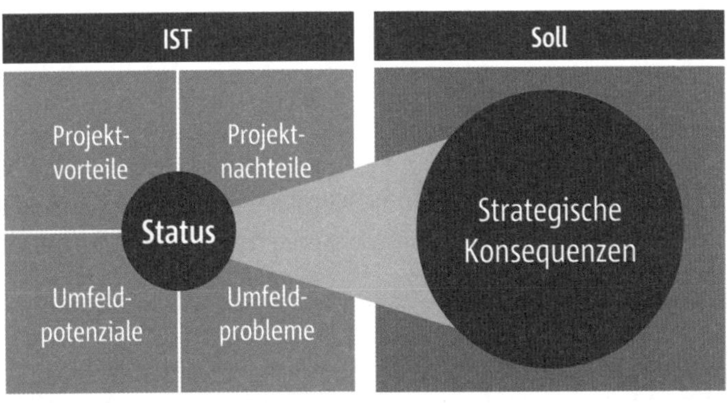

Abbildung 27: Die strategischen Konsequenzen

Ein Teilnehmer des Projektteams zeichnet eine große Tabelle mit zwei Spalten auf das Flipchart. Im linken Spalten-Kopf steht „Ist“ und rechts „Soll“. Anschließend holen die Teammitglieder die wegbestimmenden Faktoren aus der Statusanalyse, um sie in der linken Spalte zu erfassen und danach in der rechten strategische Konsequenzen daraus abzuleiten. Die Faustregel der Handlungsstrategie heißt: „Setze Projektvorteile und Umfeldpotenziale so ein, dass einerseits Projektnachteile und Umfeldprobleme minimiert werden und sich andererseits Projektvorteile und Umfeldpotenziale besser entfalten können." Aus der Regel ergeben sich drei Ansatzpunkte, um strategische Konsequenzen zu ziehen:

→ **Umfeldpotenziale für das Projekt optimal nutzen, indem sie mit Projektvorteilen gekoppelt werden** – Durch die Verzahnung von Projektvorteilen mit Potenzialen aus dem Projektumfeld schaltet die Kommunikation den Turbo-Antrieb zu. In der Statusanalyse eines Projekts, das Corporate Volunteering im Unternehmen mobilisieren soll, steht als Umfeldpotenzial „Breiter Hilfebedarf in der Region". In Verbindung mit dem Projektvorteil „Reges Interesse der Kolleginnen und Kollegen" lässt sich die Konsequenz ziehen, dass die Mitarbeitenden die konkreten Freiwilligenaktionen selbst vorschlagen und auswählen dürfen.

→ **Projektnachteile abbauen, indem das Team Projektvorteile oder Umfeldpotenziale als Hebel nutzt** – Projektnachteile wirken wie Bremsklötze. Sie müssen beseitigt oder ihre Wirkung muss reduziert werden, damit die Kommunikation reibungslos vorankommt. Beim Corporate Volunteering-Beispiel gibt es den Projektnachteil „Hohes Engagement erforderlich", der sich durch den Vorteil „Einsatz als Arbeitszeit angerechnet" abbauen lässt.

→ **Maßgebliche Umfeldprobleme mit Projektvorteilen oder Umfeldpotenzialen eindämmen** – Hindernisse im Umfeld des Projekts werden aus dem Weg geräumt, um freie Bahn in Richtung der Bezugsgruppe zu haben. Beim Corporate Volunteering wurde als Umfeldproblem identifiziert „Kritik des lokalen Gewerbes". Vor allem Handwerker haben Angst, dass ihnen durch die Aktion Aufträge verloren gehen, weil die Mitarbeitenden bei ihrem Einsatz handwerkliche Leistungen erbringen. Dagegen steht ein Umfeldpotenzial „Handwerkskammer befürwortet Corporate Volunteering". In der Folge beziehen die Beteiligten die lokale Handwerkskammer als Fürsprecher in die Kommunikation ein.

Die Anzahl der strategischen Handlungsanweisungen sollte sich auf die wesentlichen Hebelpunkte konzentrieren und nicht kleine Details angehen. Es geht um die Fixierung der großen Linie. Gehen die Direktiven in den zweistelligen Bereich, fängt es an, kompliziert zu werden. Zudem kommt es darauf an, dass die einzelnen Anweisungen zueinanderpassen. Sie dürfen sich keinesfalls in die Quere kommen und widersprechen, sondern müssen sich gegenseitig stützen und stärken.

Die Kommunikationsmanagerin macht klar, dass die strategischen Konsequenzen der Handlungsstrategie eine verbindliche Vorgabe darstellen, an die sich das Projektteam in der anschließenden konzeptionellen Umsetzung strikt zu halten hat. Was strategisch festgelegt wurde, wird mit den passenden Mitteln und Maßnahmen realisiert.

Digitale Bibliothek: Handlungsstrategie

Wie lassen sich die Botschaften aus der Positionierung heraus am besten zu den Mitarbeitenden bringen? Wo setzen wir den Hebel an? Die Handlungsstrategie zieht Konsequenzen aus der Ist-Situation und legt grundlegende Richtlinien für die Kommunikationsaktion zur erfolgreichen Einführung der digitalen Bibliothek fest.

Ist-Situation	Strategische Konsequenz
Inhaber steht dahinter, aber für Führungskräfte ist die Bibliothek kein Thema.	Roman Ludwig mobilisiert die Führung vor Beginn der Aktion.
Die Branche im Wandel trifft auf aktuelle Fachliteratur und ein breites Themenspektrum.	Die Kommunikation stellt die Wissens-Highlights im Buchbestand heraus.
Ältere distanzierte Kollegen treffen auf neugierige frühe Nutzer.	Frühe Nutzer werden stimuliert, die Mehrheit der Älteren zu aktivieren.
Die Bereitschaft eines Verlags zur Kooperation könnte unseren Ressourcenmangel beheben.	Wir streben eine Verlagskooperation an, um den Kommunikationsauftritt zu verstärken.
Es gibt deutliche Angebotslücken, aber der Weiterbildungsbeauftragte ist offen für unsere Ideen.	Wir regen an, in einem großen Update das Buchangebot auszubauen, und kommunizieren es.
Kommentar und Bewertung sind möglich, aber Social Intranet ist bisher gefloppt.	Wir starten die Social Media-Funktionen erst, wenn sich die Bibliothek eingelaufen hat.

Die anschließende Umsetzungsplanung zur Einführung der Bibliothek richtet sich stringent an den Richtlinien aus.

Strategie überprüfen

Der strategische Kurs steht. Zum Abschluss empfiehlt sich ein prüfender Blick auf den gesamten Kursverlauf. Während der Arbeit an den Strategieschritten ist das Projektteam bei jedem Schritt tief in die Zusammenhänge eingestiegen.

Da mag den Beteiligten an einigen Stellen der große Überblick verloren gegangen sein. Jeder einzelne Strategieschritt erscheint schlüssig, aber im Zusammenhang haben sich Fehler eingeschlichen. Bevor die interne Kommunikationsmanagerin die strategische Arbeit abschließt, prüft sie mit ihrem Team die innere Stimmigkeit der Strategie mit Hilfe des Strategierasters.

Man stelle sich vor: Ein Kommunikationsprojekt setzt sich zum Ziel, dass der kooperative Teamgeist der Mitarbeitenden im Unternehmen gefördert werden soll. Später in der Handlungsstrategie legt das Projekt als Direktive fest, dass leistungsstarke „High Performer" aus der Belegschaft als Leitfiguren in die Kommunikation eingebaut werden. Beide strategischen Koordinaten mögen für sich genommen sinnvoll sein, aber sie passen nicht zusammen, führen zu einer Unwucht im Antrieb der Strategie.

Abbildung 28: Besserer Überblick durch das Strategieraster

Das Raster ist eine einfache Tabelle, die auf ein Flipchart passt und Zielsetzung, Bezugsgruppen, Positionierung, Botschaften und Handlungsstrategie untereinanderstellt. In jedem Rasterfeld steht eine strategische Koordinate – stichwortartig zusammengefasst. Bei der strategischen Überprüfung legt das Team ein Augenmerk auf folgende Fragen:

→ **Passen alle Koordinaten der Strategie zusammen?** – Bauen die Schritte von der Zielsetzung bis zur Handlungsstrategie sauber aufeinander auf, stützen und stärken sich gegenseitig? Oder gibt es Widersprüche, Lücken und Überschneidungen innerhalb des Strategierasters?

→ **Kann die Strategie tatsächlich umgesetzt werden?** – Ist der strategische Kurs mit den vorhandenen Ressourcen an Geld, Zeit und Personal realistisch machbar oder nimmt man sich zu viel des Guten vor? Lassen die Unternehmenskultur, die Organisations- und Entscheidungsabläufe eine reibungslose Umsetzung zu?

→ **Ist die Strategie so einfach wie möglich?** – Gefordert wird ein strategischer Kurs, der möglichst einfach konstruiert ist und die Projektbeteiligten in der Durchführung nicht überfordert. Kann das Team die Strategie in der Umsetzung tatsächlich realisieren? Oder wurde die Latte zu hoch angelegt, sodass sie in der Realisierung zwangsläufig gerissen wird? An der Stelle ist auch die gegenteilige Frage legitim: Hat es sich das Team eventuell zu einfach gemacht?

→ **Ist die Strategie eine Kommunikationsstrategie?** – Die strategischen Koordinaten beziehen sich auf die interne Kommunikation und sind mit kommunikativen Mitteln umzusetzen. Oder hat sich das Team im Eifer der Workshop-Arbeit zu weit in andere Bereiche – wie Personalpolitik oder Unternehmensführung – vorgewagt und damit den Rahmen der Kommunikationsstrategie gesprengt?

Falls die Kommunikationsstrategie Problemstellen hat, wird an ihr weiter gefeilt, so lange, bis alles sauber ineinandergreift. Die fertige Strategie gibt die große Linie vor, an der im nächsten Schritt die operative Konzeption ausgerichtet wird.

#4 DAS PROJEKT KONZIPIEREN: OPERATION

Operation im Überblick

Alle Überlegungen zur Operation richten sich stringent am vorgegebenen strategischen Raster aus. Sie mäandern nicht frei und lassen keinen Spielraum für endlose Diskussionen im Team. Mit der Strategie als Richtmaß kommt das Projektteam im operativen Teil des Konzeptionsworkshops zügig voran.

Wie soll das interne Kommunikationsprojekt ablaufen? Das Konzept ist ein kommunikationsstrategisches Planungspapier, deshalb geht die Workshop-Arbeit innerhalb der operativen Umsetzung nicht bis ins handwerkliche Detail. Im Konzept werden lediglich die groben Umrisse der Kommunikationsaktivitäten festgelegt. Kommunikationsmanagerin und Projektteam besprechen, ob vor dem Hintergrund der Strategie Plakate an den Schwarzen Brettern oder Banner im Intranet der bessere Realisierungsweg wären, aber keinesfalls, ob die Plakate im Duplexverfahren gedruckt oder die Banner in der In-Page- oder Tandem-Version realisiert werden.

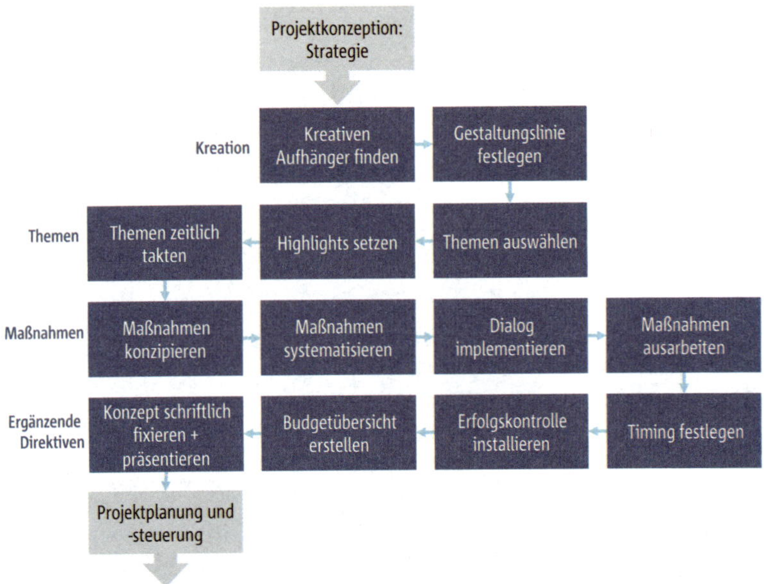

Abbildung 29: Der Ablauf der Operation

Die operative Konzeption innerhalb des Workshops baut sich aus vier großen Arbeitsblöcken auf. Der Schwerpunkt liegt auf der Ausarbeitung der Maßnahmen:

→ **Kreation** – Ideen sind die Zündkerzen der Kommunikation. Ohne gute Ideen funkt die Kommunikation nicht. Das Gehirn des Menschen reagiert vorrangig auf Sinnesreize, die „Message“ der Strategie muss folglich in sinnlich fassbare Impulse transformiert werden. Mit welchen Überschriften und Schlüsselbegriffen, Bildern und grafischen Elementen prägt sich die interne Kommunikation am besten ein?

→ **Themen** – Sie sind der Treibstoff der Kommunikation, ohne überzeugende Themen fehlt der Ansprache die Kraft. Welche Themen aus Projekt und Umfeld können das interne Kommunikationsprojekt voranbringen?

→ **Maßnahmen** – Sie sind die Transportmittel der Kommunikation, die alle relevanten Inhalte zu den Bezugsgruppen bringen. Mit welchen alten und neuen Maßnahmen kann die Kommunikationsstrategie druckvoll durchstarten?

→ **Ergänzende Direktiven** – Mit ihnen werden alle weiteren planungsrelevanten Komponenten des Projekts konzeptionell erfasst. Welches Timing haben die Kommunikationsaktivitäten? Wie beobachtet und überprüft die Erfolgskontrolle die Fortschritte der Kommunikation? Welches Budget ist erforderlich? Wie soll das fertige Konzept dem Auftraggeber dokumentiert und präsentiert werden?

Die Kreation

Kreativen Aufhänger finden

Das Projektteam hat sich für eine Positionierung, die darauf aufbauenden Botschaften und die Handlungsstrategie entschieden. Jetzt braucht das Kommunikationsprojekt einen kreativen Aufhänger als sinnlich fassbares Erkennungszeichen.

Unser Gehirn arbeitet assoziativ, es ist auf sinnlich fassbare Reize ausgerichtet. Bilder und Worte, die Assoziationen hervorrufen, werden wesentlich schneller adaptiert als abstrakte Informationen. Sie werden auch besser gelernt und erinnert. Um nachhaltige Kommunikationswirkung zu erzielen, kommt es darauf an, die strategische Linie sinnlich so aufzubereiten, dass sie sich in den Köpfen der Bezugsgruppen verankern kann.

Die kreative Gestaltung bleibt im Alltag der internen Kommunikation häufig unterbelichtet. Die Kommunikationsmaßnahmen werden mit den üblichen Gestaltungsstandards durchgezogen und die Kreation minimiert. Eine häufige Begründung lautet, dass bei Mitarbeitenden kein großer Aufwand nötig sei. Das ist eine Fehleinschätzung, denn ohne die richtige Form verlieren die

Inhalte an Überzeugungskraft. Das heißt, um Erfolg zu haben, muss die interne Kommunikation genauso viel Professionalität und Ambition auf die gestalterische Form wie auf die richtigen Inhalte legen. Das Kommunikationsprojekt braucht gute Ideen, um die Bezugsgruppen zu berühren und zu bewegen. Allerdings wird im Konzeptionsworkshop nicht gestaltet, keiner nimmt einen Stift zur Hand und skribbelt. Es ist auch zu wenig Zeit, um Brainstormings durchzuführen. Ein Punkt sollte aber nicht fehlen: der kreative Aufhänger. Für ihn legt das Team Gestaltungskriterien fest und sammelt erste spontane Ideen.

Der kreative Aufhänger stellt sicher, dass das Projekt von den Bezugsgruppen als Einheit erfasst wird. Er zieht sich als sinnlich fassbarer „Roter Faden" durch alle Kommunikationsaktivitäten und bindet sie zusammen. Die Mitarbeitenden sehen ihn und haben innerhalb des Bruchteils einer Sekunde das Kommunikationsprojekt erkannt. Aber nicht nur das, sein hoher Wiedererkennungswert führt dazu, dass alle mit dem Projekt verbundenen Informationen und Emotionen reaktiviert werden. Der kreative Aufhänger bildet die einheitliche sinnliche Codierung. Der Code funktioniert übergreifend:

→ **Maßnahmenübergreifend** – Der Aufhänger lässt sich für alle Einsatzzwecke des internen Kommunikationsprojekts vom Intranet bis zum Mitarbeiterevent einsetzen. Er fügt sich stimmig ein, wirkt nirgendwo aufgesetzt und gezwungen.

→ **Prozessübergreifend** – Er funktioniert im gesamten Kommunikationsprozess. Sein Code kommt vom Start bis zum Finale des Projekts durchgehend zum Einsatz und wirkt mit der Zeit immer vertrauter.

Was eignet sich als Aufhänger? Eigentlich alles, was eine starke sinnliche Ankerwirkung hat und zur gewählten Kommunikationsstrategie passt.

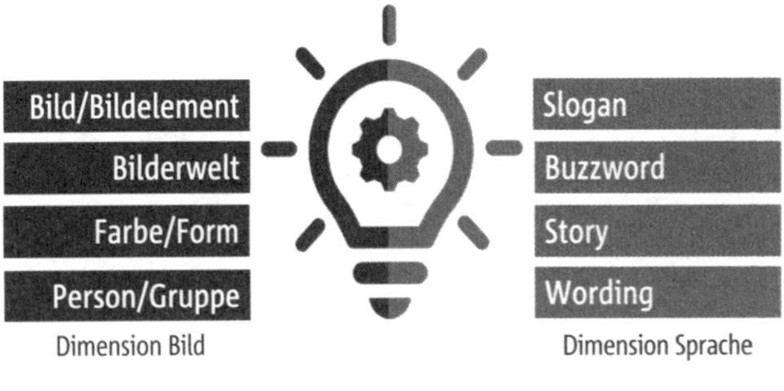

Abbildung 30: Der kreative Aufhänger

Der kreative Aufhänger kann zwei unterschiedliche Dimensionen nutzen. Am häufigsten kommt die bildliche Dimension zum Einsatz:

→ **Bild oder Bildelement** – Ein Bild wird zum Sinnbild der Kommunikation. Die Fachliteratur spricht von „Key Visual". Das Schlüsselbild taucht überall auf, prägt sich ein und die Bezugsgruppe erkennt es auf den ersten Blick wieder. Die interne Kommunikationsaktion für einen neuen Vorstandsvorsitzenden verwendet als zentrales Motiv ein Foto, das ihn zusammen mit seinem Team als Bergsteiger am Gipfelkreuz zeigt. Bilder setzen sich aus mehreren Bestandteilen zusammen. Beim Bildelement konzentriert sich der kreative Aufhänger auf ein einziges Teil als Erkennungssignal. So arbeitet die Karriereoffensive eines Unternehmens mit einem Kompass, der überall zu sehen ist.

→ **Bilderwelt** – Die Welt wird zur vielfältigen Kulisse, vor der die Kommunikation stattfindet. Sie besteht aus mehreren Bildern, die sich je nach Kommunikationssituation kombinieren und variieren lassen. Für das Kommunikationsprojekt eines internen Assessment-Centers werden Bildmotive aus der Welt des Sports genutzt.

→ **Farbe oder Form** – Der Kommunikationsauftritt entwickelt seine Ankerwirkung durch eine besondere Farben- oder Formensprache. Die gestalterischen Elemente werden überall durchgehalten und prägen den Auftritt. Ein Unternehmen nutzt die Farbe Petrolgrün als Farbsignal für eine interne Spendenkampagne zum Schutz des Regenwaldes. Sie ist im Corporate Design als Ergänzungsfarbe definiert und wurde bisher nur im Hintergrund genutzt.

→ **Person oder Gruppe** – Die Kommunikation wirkt überzeugender, wenn handelnde Personen auftreten und als Identifikationsfiguren fungieren. Die Bezugsgruppen finden die Person sympathisch und schenken ihr Vertrauen. Zu unterscheiden ist eine reale Person oder eine idealtypische Kunstfigur. Für ein internes Kommunikationsprojekt zum Gesundheitsmanagement wird eine Comic-Figur mit Namen „Power-Fred" gestaltet (der Unternehmensgründer hieß Fred) und als kreativer Aufhänger eingesetzt.

Der kreative Aufhänger kann auch auf der sprachlichen Ebene liegen. Worte, Sätze und Zitate werden zu Erkennungszeichen:

→ **Slogan** – Das Team formuliert einen markanten Satz, der zum Motto der Kommunikation wird. Der Slogan darf keine sprachliche Plattitüde darstellen, er hat Aussagekraft. „Teamgeist seit 1895" so lautet der Slogan einer internen Motivationskampagne zum 125-jährigen Unternehmensjubiläum.

→ **Buzzword** – Hier geht es darum, in die Kommunikation für das Projekt bestimmte Reizworte einzubetten, die zu Schlüsselbegriffen werden. Meist sollen diese Reizworte zentralen Begriffen eine besondere Bedeutung geben. Die neuen Arbeitszeitregeln eines Unternehmens heißen „Flexizeitregeln".

→ **Story** – Das Kommunikationsprojekt erzählt eine Geschichte mit Gefahren, Wendungen und Höhepunkten. Sie interessiert die Bezugsgruppe und die will wissen, wie es weitergeht. Beispielsweise erzählt die interne Kommunikation die Einführung einer neuen Corporate Fashion-Linie im Stil eines Hollywoodfilms.

→ **Besonderes Wording** – Die gesamte Wortwahl des Kommunikationsprojekts weicht von der Norm ab und gibt der Kommunikation eine besondere Tonalität. Da arbeitet ein Projekt im Text viel mit Dialogen in wörtlicher Rede, oder die Handlung wird im Fantasy-Stil erzählt.

In manchen Kommunikationsprojekten werden zugleich zwei oder drei der kreativen Möglichkeiten verbunden und ein kombinierter Aufhänger entwickelt. Da treten zum Beispiel ein Projektslogan und ein Key Visual in Kombination auf. Gemeinsam ergeben sie eine schlüssige Symbiose, die von den Bezugsgruppen sofort erkannt und begrüßt wird.

Der kreative Aufhänger steht für das, was die Mitarbeitenden unmittelbar mit der Kommunikation verbinden. Er wird zum vertrauten Erkennungszeichen. Fällt das Zeichen weg, reagieren die Bezugsgruppen verunsichert. Aus dem Grund ist ein Auswechseln des bewährten kreativen Aufhängers zwar möglich, es muss jedoch behutsam und kontrolliert erfolgen.

Angenommen, im Workshop legen die Beteiligten fest, dass für das anstehende Projekt eine Bilderwelt in Kombination mit einem unverwechselbaren Projektnamen der richtige kreative Weg ist. Weder nach Bilderwelt noch Name wird im Workshop gesucht, dazu fehlt die Zeit. Falls jemand in der Runde eine spontane Idee hat, kann sie selbstverständlich genutzt werden, sofern sie die erforderlichen Kriterien erfüllt:

→ **Die Kreation unterstützt die Strategie** – Jede Idee und ihre gestalterische Umsetzung muss im Sinne der gewählten Strategie funktionieren und sie mit Leben füllen. Ideen außerhalb des strategischen Rahmens haben im Projekt nichts zu suchen, seien sie auch noch so genial.

→ **Die Kreation ist selbsterklärend** – Die Idee soll in den Köpfen der Mitarbeitenden sofort zünden und Eindruck hinterlassen. Sobald das Team einem Außenstehenden die Idee zeigt, wirkt sie von allein. Bleiben Fragezeichen oder muss sie wortreich erklärt werden, dann läuft etwas schief.

→ **Die Kreation ist einfühlsam** – Die Idee kommt dicht an die Bezugsgruppe heran. Die Mitarbeitenden finden sie ansprechend und für das Projekt passend.

→ **Die Kreation überrascht** – Die Kommunikationsidee ist nicht alltäglich und generisch, es werden keine Klischees bedient. Eine gute Idee ist anders, sie hebt sich ab und ragt heraus.

→ **Die Kreation funktioniert universell** – Die Idee ist innerhalb des Kommunikationsprojekts umfassend einsetzbar. Sie lässt sich in ein Mitarbeiterevent genauso einbringen wie ins Intranet oder in die nächste Ausgabe des Mitarbeiterbriefes. Sie stellt eine sinnlich fassbare Klammer für die Kommunikation dar.

→ **Die Kreation ist realistisch machbar** – Die Idee lässt sich mit den vorhandenen finanziellen und personellen Ressourcen realisieren. Wer im Intranet mit einer animierten Figur als Key Visual arbeiten will, aber kein Geld hat, die Visualisierung von einem Profi entwickeln zu lassen, muss umdenken und neu ansetzen.

→ **Die Kreation ist professionell** – In der internen Kommunikation erleben wir leider immer wieder, dass die interne Kommunikationsmanagerin auf professionelle Hilfe bei der Gestaltung verzichtet und selbst Fotos, Clip Arts und Icons zusammensucht, um Werbemittel für ein Projekt mit Bordmitteln zu realisieren. Gestaltung sollte von Profis übernommen werden, DIY ist nur in Ausnahmefällen erlaubt.

Digitale Bibliothek: Kreativer Aufhänger

Die kreative Gestaltung für unsere Kommunikationsaktion setzt bei der Bezeichnung der digitalen Bibliothek und bei einem Key Visual den Hebel an.

Die Bezeichnung „Digitale Bibliothek" ist uns zu gelehrt, zu distanziert, wir wollen näher an die Mitarbeitenden heran. Darum soll die Bibliothek einen neuen Namen bekommen. Erste Ideen zeigen unsere Denkrichtung auf – z. B.: Wissensschatz, Bookpool, eBücherei, BookBox oder LudwigKiosk.

Den neuen Begriff ergänzen und verstärken wir mit einem Schlüsselbild. Das Visual wird zu allen Gelegenheiten als Erkennungszeichen eingesetzt. Unser Team hat eine erste Idee skizziert.

Die Buchrakete versteht sich als Entwurf, den das Team mit begrenzten Bordmitteln erstellt hat. Wir werden umgehend Kontakt zu einer freien Designerin aufnehmen, die in der Vergangenheit bereits für uns gearbeitet hat, um den Entwurf weiterentwickeln zu lassen.

Gestaltungslinie festlegen

Zum Arbeitsschritt der Kreation gehört auch das Nachdenken über die sprachliche und grafische Gestaltung. Welches Erscheinungsbild soll das interne Kommunikationsprojekt bekommen? Grundsätzlich gilt: Das vorhandene Corporate Design des Unternehmens ist für das Kommunikationsprojekt bindend. Das Projektteam darf zwar Spielräume nutzen, die das Brand Manual bietet, aber keinesfalls darüber hinaus gehen.

Auf der sprachlichen Ebene hält sich die interne Kommunikation an das vorgegebene „Wording". Alle etablierten Bezeichnungen und Sprachregelungen gelten auch für das interne Kommunikationsprojekt. Das Team geht kurz auf den Sprachgebrauch ein und trifft einige Grundsatzentscheidungen. Zum Beispiel entschließen sich die Beteiligten, die Sprache in der Projektkommunikation betont locker zu halten. Möglicherweise wird die Wir-Form gewählt und die Mitarbeitenden werden direkt angesprochen, vielleicht sogar geduzt. Oder aus der Runde kommt der Vorschlag, in den Texten auf den üblichen Managementslang des Unternehmens zu verzichten, um Distanz zu den Kolleginnen und Kollegen abzubauen.

Auf der grafischen Ebene entscheidet das Team, ob gestalterische Freiräume im Corporate Design genutzt werden. Das Projekt bekennt sich in jedem Fall zum vorgegebenen Design, kann aber bei wichtigen Projekten ein eigenes

Profil entwickeln, um von der Bezugsgruppe besser erkannt zu werden. Das Brand Manual zeigt, was möglich ist: Eine Ergänzungsfarbe des Corporate Designs kann zur Hauptfarbe werden oder die Headline des Projekts steht in einem auffälligen ovalen Kasten. Das Team instruiert den zuständigen Grafiker, der in der Planungs- und Gestaltungsphase entsprechende Design-Vorschläge entwickelt.

Zusätzlich braucht das Projekt passende Fotos, Illustrationen, Infografiken, Diagramme, Icons und nicht zu vergessen Bewegtbild. Die Teilnehmenden besprechen, welche Bilder benötigt werden und woher diese kommen. Hat das Unternehmen ein elektronisches Fotoarchiv, dann ist das Team fein raus. Alternativ besteht die Möglichkeit, spezielle Fotos für das Projekt zu schießen. Die interne Kommunikationsmanagerin verfügt entweder über Etatmittel für einen Profi oder die Fotos werden vom Team selbst gemacht. Der letzte Ausweg sind gekaufte Bilder von Fotodatenbanken im Internet. Es lohnt sich, Zeit in die Bildauswahl zu stecken. Gute Bilder sind keine Kür, sondern substanzielle Bestandteile eines erfolgreichen Projekts.

Die Themen

Themen auswählen

Viele Verantwortliche für interne Kommunikation denken in Problemsituationen lange über die richtigen Maßnahmen nach, die Themen kommen erst an zweiter Stelle in einer Nebenrolle. Das ist verständlich, denn sie haben täglich mit internen Kommunikationsmaßnahmen zu tun, die ihren Arbeitsalltag bestimmen. Gibt es Probleme in der Kommunikation, dann schauen sie zuerst auf die Maßnahmenebene, weil das ihre gewohnte Blickrichtung ist. Sie konzentrieren sich darauf, das Bewährte weiterzuentwickeln oder eine tolle neue Maßnahmenidee, von der gerade alle Welt redet, einzuführen. Das ist zu kurz gedacht, denn auf der Maßnahmenebene lassen sich keine Kommunikationsprobleme lösen.

Treibstoff der internen Kommunikation sind die Themen. Mittel und Maßnahmen dienen als Transportmittel, um die Themen zu den Bezugsgruppen zu bringen. Aber ohne ausreichenden Treibstoff bleiben die Transportmittel unterwegs liegen. Erst die richtige Themenauswahl zur richtigen Zeit mit der richtigen Aufbereitung bringt der Kommunikation den entscheidenden Drive.

Eine gekonnte Themenplanung öffnet neue Resonanzräume für Information, Dialog und Interaktion. Unter Themenplanung verstehen wir die umsichtige Suche, Aufbereitung und Inszenierung von attraktiven internen und externen Themen für das Kommunikationsprojekt.

Abbildung 31: Die Pyramide der Inhalte

Die Themenplanung richtet sich an der Strategie aus: Die Positionierung bestimmt das Selbstverständnis des Projektgegenstands auf der Bühne der internen Öffentlichkeit, die Botschaften schaffen den inhaltlichen Rahmen für die Kommunikation und die Themen konkretisieren und vitalisieren die Botschaften. Ihrer Zugkraft ist es zu verdanken, dass die Bezugsgruppen aufmerken, die Kommunikation relevant finden und dranbleiben.

Im Konzeptionsworkshop beginnt das Projektteam mit der Themensondierung. Die Teilnehmenden diskutieren, welche Themen Positionierung und Botschaften lebendig machen. Eventuell wurde in der Analysephase des Projekts eine Themenmatrix entwickelt, auf die das Team nun zurückgreift. Wenn nicht, dann muss es zuerst mögliche Themen sammeln.

Woher kommen die Themen? Das Team ist offen und denkt in alle Richtungen. An erster Stelle stehen **direkte Projektthemen**, die sich unmittelbar auf den Projektgegenstand beziehen. Ein deutsches Unternehmen will sich international aufstellen und führt Englisch als Firmensprache ein. Unterstützende „Advanced Trainings" wären ein Projektthema. Ergänzend kommen tangierende **Themen aus dem unternehmensinternen Umfeld** des Projekts hinzu. Im Unternehmen haben immerhin ein Drittel der Angestellten Englisch als Muttersprache, daraus lässt sich etwas machen. Tangierende **Themen aus dem externen Umfeld** ergänzen die Ansprache. So haben Unternehmen aus anderen Branchen mit Englisch als Firmensprache gute Erfahrungen gemacht.

Alle drei Themenbereiche unterteilen sich in **positive und negative Themen**. Positive Themen verstärken die Botschaften und bringen sie voran. Negative gefährden das Projekt, man muss sie im Auge behalten und offensiv mit ihnen umgehen. So hat in unserem Firmensprachenbeispiel eine politische Partei aus dem rechten Spektrum das Thema für sich entdeckt und macht in den sozialen Medien negative Stimmung. Das führt uns zu einer weiteren Unterscheidung: **vorhandene und aktuelle Themen**. Vorhandene Themen sind zum Zeitpunkt des Workshops bereits bekannt und können im Konzept vorgeplant werden. Aktuelle Themen sind nicht planbar, sie tauchen überraschend in der Planungs- und Steuerungszeit des Projekts auf. Das Team ist aber darauf vorbereitet. Es legt im Workshop fest, wie das Projekt Aktualitäten erfasst, zügig bewertet und in die Kommunikation einfließen lässt. Das können positive Ereignisse sein, die zusätzlich frischen Wind bringen, oder negative Ereignisse, die Gegenwind für die Kommunikation bedeuten.

Abbildung 32: Das Spektrum der Themen

Falls das Team Zweifel hat, dass die gesammelten Themen ausreichen, denkt es über Abhilfe nach. Es ist erforderlich, den Themenmangel zu beheben, Menge und Qualität des Treibstoffs müssen stimmen. Falls sich nach kurzer Diskussion herausstellt, dass tatsächlich nicht genügend Themen parat stehen, inszeniert das Team Themen. **Inszenierte Themen** sind nicht durch die Inhalte und Abläufe des Projekts vorgegeben. Sie werden speziell für die Kommunikation in Szene gesetzt. Ein Unternehmen hat in seinem Kommunikationsprojekt „Nachhaltigkeit am Arbeitsplatz" wenig Neues zu verkünden und inszeniert deshalb einen Wettbewerb: Die nachhaltigste Abteilung wird gesucht. Damit kommt der nötige Schwung in die Kommunikation. Die Inszenierung muss zum Projekt passen und authentisch wirken, ansonsten würde das Projekt seine Glaubwürdigkeit aufs Spiel setzen. Zudem darf man nicht übertreiben: Ein oder zwei inszenierte Themen sind zu verantworten, mehrere machen aus dem Kommunikationsprojekt eine Show.

Highlights setzen

Nehmen wir an, das Team war fleißig und das Flipchart im Workshop steht voller Themenideen. Das ist eine prima Sache, darf aber nicht zu einer Themenflut in der Umsetzung führen. Weil zu viele Themen die Ansprache der Bezugsgruppen erschweren, muss kritisch geprüft und eine Auswahl getroffen werden:

→ **Strategisch** – Die Themenidee liegt voll auf der Linie der vorgegebenen Kommunikationsstrategie. Sie entspricht der Zielsetzung und den Bezugsgruppen, repräsentiert die Positionierung und spricht im Sinne der Botschaften.

→ **Beweiskräftig** – Die Themenidee lässt sich mit Daten, Fakten, Beispielen und Zeugen belegen, sie hält kritischen Fragen von Vorgesetzten und Mitarbeitenden stand.

→ **Emotional** – Die Themenidee kann intern so kommuniziert werden, dass es nicht staubtrocken und akademisch rüberkommt, sondern sich für die Bezugsgruppen gut anfühlt. Sie hat die nötige emotionale Ausstrahlung.

→ **Episodisch** – Die Themenidee hat das Potenzial für interessante Bilder und Geschichten. Es gibt handelnde Personen aus dem Unternehmen oder dem Umfeld, die für das Thema sprechen. Es ist erfreulich viel Bewegung im Thema und die Handlung lässt sich ansprechend und vielfältig weiterentwickeln.

→ **Von oben akzeptiert** – Die Themenidee trifft auf Zustimmung oder zumindest nicht auf offenen Widerstand der Führungsetage. Die interne Kommunikationsmanagerin ist ziemlich sicher, dass sich die Chefs mit der Idee anfreunden können.

Alle Themen werden anhand der Kriterien gecheckt, nur geeignete kommen weiter. Die Kommunikationsmanagerin folgt nicht allein den obigen Prüfungskriterien, sondern lässt dem Team Freiraum für das eigene Bauchgefühl. Gute Themenauswahl braucht eine Prise Intuition. Überraschenderweise haben nicht automatisch die großen Hard Facts-Themen das größte Potenzial. Oftmals sind es vermeintlich kleinere Soft Facts-Themen, in denen die Kraft für eine große Story und eine breite Resonanz steckt. Die Talente dieser Themen erschließen sich häufig nicht auf den ersten Blick. Sie müssen zuerst etwas gedreht, neu beleuchtet und zugespitzt werden, bis sie anfangen, ihre Faszinationskraft zu entwickeln.

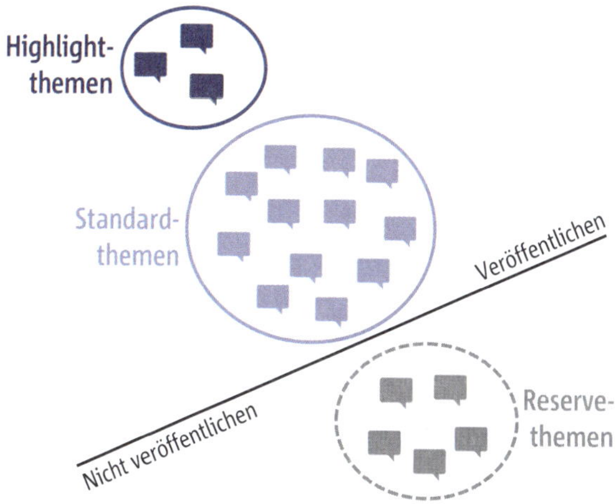

Abbildung 33: Die Themenpriorisierung

Als Resultat ist eine Liste von Themen entstanden, die für das Kommunikationsprojekt grundsätzlich geeignet sind. Nun beginnt das Projektteam, die Themen zu priorisieren. Im Mittelpunkt des Interesses stehen die **Highlightthemen**. Wenige starke Highlights bilden die inhaltliche Speerspitze der Kommunikation, sie spielen die Hauptrolle und tragen die Botschaften. Ein Projekt verträgt zwei bis drei Schwerpunktthemen, mehr Themen sind nur im begründeten Einzelfall zulässig.

Die große Mehrzahl wird zu **Standardthemen**. Sie haben flankierende Funktion, ergänzen und verstärken die Kommunikationsarbeit. Zu ihnen gehören auch die Pflichtthemen des jeweiligen Kommunikationsprojekts, die wenig prickelnd, aber zum Verständnis unumgänglich sind und daher auf jeden Fall berücksichtigt werden müssen. Einige Themen auf der Liste bleiben als **Reservethemen** in der Planung erst einmal außen vor. Sie können je nach Entwicklung und Bedarf nachträglich ins kommunikative Spiel gebracht werden.

Sobald die Themen ausgewählt und die Highlights gesetzt sind, beschäftigt sich das Team mit der inhaltlichen Ausgestaltung der Highlights. Die Beteiligten besprechen, welche Themenaspekte – z. B. Fakten, Storys, Beispiele, Personen – in die Kommunikation einfließen sollen. Die inhaltliche Ausrichtung des Themas wird festgelegt. Stellt man beim Thema „Renovierung der Sanitäranlagen in der Unternehmenszentrale“ die Beeinträchtigungen der Bauzeit oder die zukünftigen Komfort-Vorteile in den Vordergrund? Wird beim Thema „Aufstellen von Wasserspendern in den Teeküchen“ der Klimawandel mit seinen heißen Sommern ins Gespräch gebracht? Das Team konzentriert die Inhalte, jedes Highlight wird schlank und dynamisch kommuniziert. Auch wenn es für ein Thema viele Fakten und Beispiele gibt, kommen nur wenige ausgewählte Inhalte in die Kommunikation.

Themen zeitlich takten

Wann kommen die Themen zum Einsatz? Auch diese Frage gehört zur Themenplanung des Konzeptionsworkshops. Das Team skizziert die zeitliche Dramaturgie der Themen. Sie sind so zu kommunizieren, dass Spannung aufkommt und das Interesse während des gesamten Kommunikationszeitraums wach bleibt.

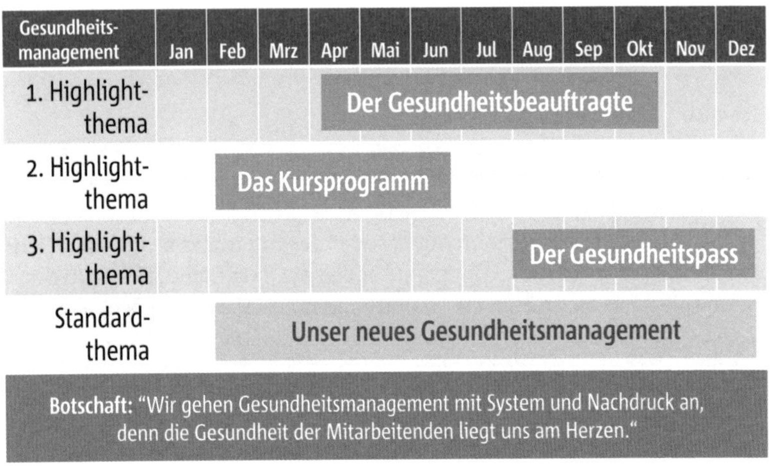

Abbildung 34: Das Timing der Themen

Beim Timing wird hauptsächlich über den dramaturgischen Bogen der Highlightthemen nachgedacht. Die Standardthemen spielen eine untergeordnete Rolle. Mehrere Varianten des zeitlichen Themeneinsatzes sind möglich:

→ **Paralleler Themeneinsatz** – Mehrere oder alle Highlightthemen laufen in etwa zur gleichen Zeit ab. Es kommt dem Team auf einen geschlossenen Auftritt an.

→ **Serieller Einsatz der Themen** – Die Themen werden nacheinander kommuniziert. Für ein bestimmtes Zeitintervall steht jeweils nur ein Highlightthema im Rampenlicht der Kommunikation.

→ **Überlappender Einsatz der Themen** – Die Highlightthemen überschneiden sich, sodass zu bestimmten Zeiten mehrere Themen gleichzeitig, zu anderen Zeiten nur einzelne Themen laufen. Durch die zeitliche Überschneidung können Querverbindungen zwischen den Themen hergestellt und Synergien vermittelt werden.

→ **Verzahnter Einsatz der Themen** – Die Highlightthemen bedingen einander. Erst, wenn das einleitende Thema von den Bezugsgruppen ausreichend gelernt wurde, startet das zweite Thema. Das dritte baut dann wiederum auf dem zweiten Thema auf. Eine integrierte Erfolgskontrolle überprüft den Lerneffekt. Bei Lernproblemen kann es sinnvoll sein, das laufende Thema weiter zu kommunizieren und mit dem Neuen erst später einzusetzen.

→ **Mix des Themeneinsatzes** – Das Team kann die verschiedenen Einsatzarten auch mischen. Nur kompliziert darf es dadurch nicht werden.

Im Konzeptionsworkshop skizziert ein Teammitglied das grobe Timing als Balkendiagramm auf das Flipchart. Die Skizze kann zu Bedenken in der Runde führen, denn das Diagramm macht die hohen Anforderungen an die Durchführung sichtbar. Sobald das Team erkennt, dass der Arbeitsaufwand nicht zu schaffen ist, muss über Anpassungen nachgedacht werden. Entweder reduziert es die Anzahl der Themen, oder es streckt die zeitlichen Abläufe beim Wechsel der Themen. Ein dramaturgisch gekonnter Themeneinsatz muss auf jeden Fall gesichert sein.

In der anschließenden Planung der Kommunikationsmaßnahmen bleiben die Themen immer im Blick. Themen und Maßnahmen gehören zusammen. Nur gut aufeinander abgestimmt führen sie die interne Kommunikation zum Erfolg.

Digitale Bibliothek: Themenplanung

Wir haben im Rahmen unserer internen Recherchen erkannt, dass die digitale Bibliothek kein Selbstläufer ist, der sofort und spontan das Interesse unserer Mitarbeitenden erregt. LudwigPlan expandiert, so dass sie auf der Baustelle und im Planungsbüro jeden Tag stark eingespannt sind und andere Sorgen haben. Deshalb platzieren wir Highlightthemen, die in den sechs Monaten der Kommunikationsaktion für Aufmerksamkeit sorgen. Die Highlights sind alle kleine „Appetizer", die neugierig machen und zum Lesen einladen. Sie lassen sich ohne großen Aufwand planen und durchführen. Denkbar wäre, dass wir einzelne Highlights bei Erfolg als feste Instrumente der Bibliothekskommunikation etablieren.

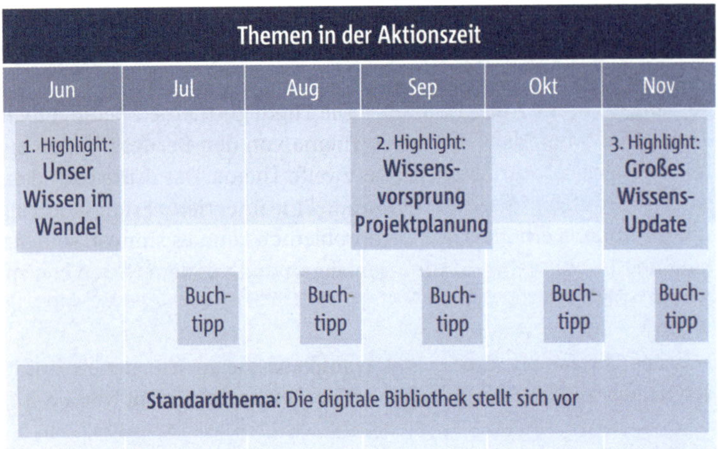

Das Standardthema, das während der Aktion durchgehend im Einsatz ist, stellt die Bibliothek vor und führt die Mitarbeitenden an die Nutzung heran. Das Thema zeigt, wie einfach das Ausleihen geht und welche Vorteile es hat.

Ab dem zweiten Monat setzen Buchtipps in regelmäßigen Abständen neue Highlights, die das geballte Wissen der Bibliothek an konkreten Buchbeispielen unter Beweis stellen. Die Tipps kommen von den Mitarbeitenden selbst. Am Anfang sprechen wir vor allem die frühen Nutzer an. Wir motivieren sie, Buchentdeckungen vorzustellen, die bemerkenswert sind. Zum Beispiel „Stadt der Zukunft – Wege in die Globalopolis", ein aktuelles Buch, das Städtebau neu denkt und so manche Gewissheit der Kolleginnen und Kollegen in Frage stellt. Oder „Berlin und seine Bauten", der Nachdruck von 1877, der zeigt, wie Gebäude vor 150 Jahren konzipiert wurden.

Das Einstiegs-Thema „Unser Wissen im Wandel" verdeutlicht die Mission der Bibliothek und wird von Roman Ludwig als Protagonisten getragen. Nach den Sommerferien heißt das Thema „Wissensvorsprung Projektplanung". In Kooperation mit einem Verlag stellt ein bekannter Fachbuchautor seine Neuerscheinung „Zukunftspraxis der Projektplanung" vor. Anfang November folgt „Das große Wissens-Update". Die Bibliothek schließt Lücken im Buchangebot, gleichzeitig werden die Kommentar- und Bewertungs-Funktionen implementiert. Beide Updates kommunizieren wir.

Parallel zu den Themenhighlights halten wir die Antennen ausgefahren. Wenn im Unternehmen oder in der Fachöffentlichkeit ein aktuelles Thema aufkommt, das zu unserer Bibliothek passt, dann nehmen wir es ad hoc in die interne Kommunikation auf.

Die Maßnahmen

Maßnahmen konzipieren

Die Strategie hat die Routenführung zu Zielen und Zielgruppen festgelegt. Um die Kommunikationsthemen auf der Route voranzubringen, werden jetzt die passenden Maßnahmen entworfen. Bei der Konzeption der Maßnahmen erkennt das Team schnell, ob die Ziele und Bezugsgruppen realistisch sind, ob Positionierung und Botschaften greifen. Denn die Maßnahmenkonzeption stellt eine wichtige Tauglichkeitsprüfung für die Strategie dar. Falls sich beim Projektteam das ungute Gefühl einschleicht, dass die strategischen Koordinaten zu weit, aber die Maßnahmen nicht weit genug gehen, ist sofort einzugreifen und zu korrigieren.

Da die Maßnahmen als Transportmittel der Inhalte zu verstehen sind, geht es in der Maßnahmenkonzeption nicht um Auswahl und Konstruktion einzelner Transporter, sondern um die Schaffung eines integrierten Verkehrssystems. Maßnahmen sind keine autonomen Einheiten, die getrennt nebeneinanderher laufen. Maßnahmenkonzeption ist Systemkonzeption, alle Maßnahmen sind untereinander gut vernetzt, laufen koordiniert ab und unterstützen sich gegenseitig.

Oft fällt an dieser Stelle der Begriff „Maßnahmenplanung“, was nicht korrekt ist. Es geht noch nicht um die detaillierte Planung aller Kommunikationsaktivitäten, sie erfolgt erst später in der Planungsphase des Projekts. Jetzt ist eine grobe Skizze des Maßnahmensystems gefordert, in der zwar die große Linie zu erkennen ist, aber viele Einzelheiten fehlen.

Im Mittelpunkt des Maßnahmensystems stehen adäquate interne Kommunikationsmaßnahmen. Für die Konzeption dieser Maßnahmen steht ein Werkzeugkasten mit drei großen Fächern zur Verfügung:

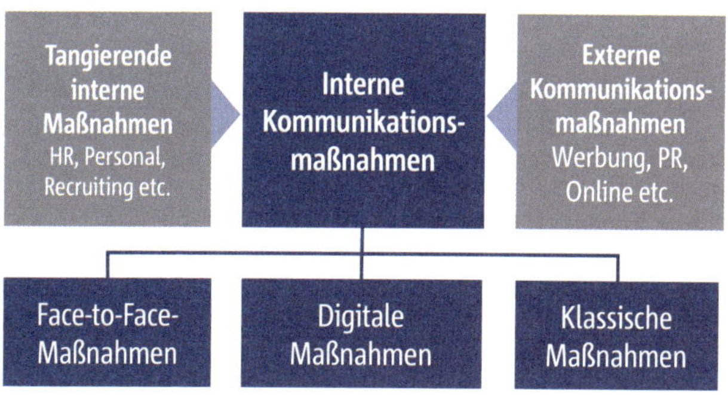

Abbildung 35: Die Instrumente der integrierten internen Kommunikation

→ **Face-to-Face-Maßnahmen** – In der internen Kommunikation spielt Beziehungsarbeit eine wichtige Rolle, deswegen kommt den direkten Face-to-Face-Kontakten eine hohe Bedeutung zu. Die persönliche Begegnung von Angesicht zu Angesicht wirkt wesentlich intensiver als Intranet, Newsletter oder Mitarbeiterfolder. Face-to-Face-Maßnahmen werden vor allem für den Dialog und die Beziehungspflege in Richtung Mitarbeitende eingesetzt. Im Einzelfall lassen sie sich auch zu Informations- oder Verkündigungszwecken nutzen. Typische Face-to-Face-Maßnahmen sind z. B. Dialogforum, Informationsveranstaltung, Kamingespräch oder Führungskräftetreffen.

→ **Digitale Maßnahmen** – Sie gewinnen ständig an Gewicht und bilden inzwischen in vielen Unternehmen die Hauptachse der internen Kommunikation. Die digitalen Maßnahmen sind sofort verfügbar, vielseitig einsetzbar und kostengünstig. Andererseits haben sie nur oberflächliche Wirkung, kurze Beachtungsdauer und mangelnde Akzeptanz bei bestimmten Mitarbeitergruppen. Zu den digitalen Dialogwerkzeugen gehören Social Intranet, Chats, Blogs, Mitarbeiter-App, Virtual Classroom und Virtual Workshop. Die digitale Information erfolgt über Intranet, Newsletter, Flashnews oder Whitepaper.

→ **Klassische Maßnahmen** – Sie bilden den traditionellen Stamm der internen Kommunikation und haben in den letzten Jahren erheblich an Gewicht verloren. Verschwunden sind sie nicht, und wir prophezeien, dass sie auch in der Zukunft nicht verschwinden, sondern eine neue Rolle spielen werden. Früher waren sie für die grundlegende Mitarbeiterinformation zuständig, die Informationsfunktion haben sie eingebüßt. Die digitale Kommunikation kann das besser. Wenn es allerdings darum geht, einer Kommunikationsbotschaft mehr Geltung zu verleihen oder dem Empfänger Wertschätzung zu vermitteln, dann sind die klassischen Maßnahmen nicht zu ersetzen. Die Menschen sind haptisch veranlagt. Was sie physisch greifen und halten können, hat für sie eine höhere Wertigkeit. Zu den klassischen Maßnahmen gehören Printwerkzeuge wie Mitarbeiterzeitschrift, Bücher, Broschüren, Faltblätter oder Plakate. Dazu kommen Werkzeuge wie Schwarze Bretter oder Infostände zur Information und Anstecker oder T-Shirts zur Identifikation.

Im Sinne der integrierten Kommunikation bezieht das Projektteam bei Bedarf auch Instrumente aus tangierenden Unternehmensbereichen ein. Da sind auf der einen Seite benachbarte interne Bereiche wie HR, Personalschulung oder Recruiting. Können sie wichtige Unterstützung für das anstehende Projekt leisten, dann nimmt die interne Kommunikationsmanagerin Kontakt auf und bereitet das Terrain vor, um passende Maßnahmen einzubeziehen. So haben die Recruiting-Spezialisten beispielsweise unlängst eine

Employer-Branding-Kampagne entwickelt. Die interne Kommunikation startet wenig später eine Willkommensaktion für neue Mitarbeitende und nutzt dazu Elemente des Employer-Branding.

Auf der anderen Seite hat das Team die externe Kommunikation im Blick. Falls deren Kommunikationsmaßnahmen ein Projekt entscheidend voranbringen, werden sie – in Abstimmung mit der verantwortlichen Abteilung – in das interne Maßnahmensystem eingebaut. Ein Beispiel: Die externe Kommunikation entwickelt eine mobile Ausstellung zu den Innovationen des Unternehmens, die auf Messen und Kongressen gezeigt wird. Die interne Kommunikation nutzt die Chance und integriert sie in die jährliche Mitarbeiterversammlung.

Wie an vielen weiteren Stellen der Kommunikationskonzeption, so gilt auch bei den Maßnahmen: Weniger ist mehr. Die interne Kommunikationsmanagerin benötigt bei weitem nicht so viele Werkzeuge wie die externe Kommunikation. In externen Projekten kommen bei großen Etats 50 bis 60 Einzelmaßnahmen zum Einsatz. In der internen Kommunikation liegt die Zahl deutlich darunter. Bei kleinen und mittleren Projekten bleibt die Anzahl einstellig, bei größeren mögen es 12, 15, höchstens 18 Maßnahmen sein. Falls das Team im Workshop mehr zusammengestellt hat, regt die Kommunikationsmanagerin eine erneute Prüfung an, um das Maßnahmensystem zu straffen.

Wie geht das Workshop-Team die Maßnahmenkonzeption praktisch an? Jedes Unternehmen praktiziert bereits interne Kommunikation, und damit existiert ein Stamm an Maßnahmen, der sich im Einsatz bewährt hat. Das Team sichtet alle etablierten Maßnahmen der internen Kommunikation, um festzustellen, welche sich vor dem Hintergrund der Strategie für den Einsatz eignen. Ist in der Analyse-Phase ein Instrumenten-Portfolio erstellt worden, dann erleichtert das die Eignungsprüfung. Das Team checkt im Konzeptionsworkshop den Maßnahmenstamm und entscheidet:

→ **Stammmaßnahme übernehmen** – Angenommen, die Maßnahme passt exakt zur Kommunikationsstrategie und leistet gute Dienste, um Ziele und Bezugsgruppen zu erreichen. Dann fällt die Entscheidung, die Maßnahme in die Konzeption einzubauen.

→ **Stammmaßnahme anpassen** – Die Maßnahme passt im Großen und Ganzen zur Strategie, jedoch gibt es an einigen Stellen Reibungspunkte oder Mangelerscheinungen. Dann nimmt das Team Anpassungen vor und macht die Maßnahme fit für die Strategie. Zum Beispiel: Ein Kommunikationsprojekt setzt voll auf Dialog, aber das altbewährte Mitarbeitermagazin beinhaltet keinerlei Dialogelemente. Die Redaktion fügt speziell für das Projekt eine Leserbefragung in das Magazin ein.

→ **Stammmaßnahme nicht aufstellen** – Eine bewährte Kommunikationsmaßnahme passt nicht in die Strategie. In der Situation zwängen die Teammitglieder das Instrument nicht in den Kommunikationsrahmen, sondern ziehen die Konsequenzen und stellen es nicht auf.

Maßnahmen systematisieren

Nachdem geeignete Maßnahmen aus dem Stamm ausgewählt wurden, denkt das Team über ergänzende neue Maßnahmen nach. Wo gibt es operative Lücken? Wo braucht das interne Kommunikationsprojekt Verstärkung?

Um die Lücken zu schließen, können die Teammitglieder z. B. auf das Konzeptionswerkzeug der **Maßnahmenmatrix** zurückgreifen. Die Matrix hilft, ein operatives Ungleichgewicht zu erkennen und die Maßnahmen im Sinne der strategischen Ziele zu optimieren.

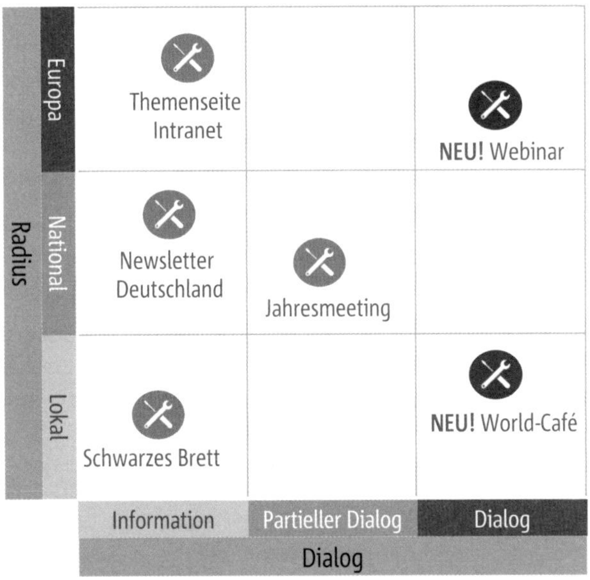

Abbildung 36: Beispiel einer Maßnahmenmatrix

Die Maßnahmenmatrix hat eine waagerechte und eine senkrechte Achse mit neun Feldern. Die Achsen sowie deren Skalen richten sich an der strategischen Route aus. Geht es beispielsweise in der Strategie um eine Stärkung des Dialogs, dann heißt eine Achse „Dialog“ und die Skala „Information, Partieller Dialog, Dialog“. Will die Strategie gleichzeitig sicherstellen, dass alle europäischen Standorte einbezogen werden, heißt die andere Achse „Radius“

mit der Skala „Europa, National, Lokal". Im Workshop skizziert ein Teilnehmer die leere Matrix und danach sortiert das Team die ausgewählten Stammmaßnahmen in die neun Felder ein. Durch die visuelle Darstellung ist auf den ersten Blick erkennbar, wo sich Lücken auftun. An diesen Stellen werden neue Maßnahmen erdacht und eingefügt, um die Anforderungen der Strategie einzulösen.

Alternativ kann das Projektteam das Modell der **Mitarbeiterreise** nutzen, um die Maßnahmen zu systematisieren. Die Reise eignet sich, wenn das Kommunikationsproblem des Projekts stark vom Verhalten der Bezugsgruppen abhängt. Im digitalen Marketing nennt man das Denkmodell „Customer Journey". Wir haben es der internen Kommunikation entsprechend in „Mitarbeiterreise" umgetauft. Die Reise bildet den Wahrnehmungs-, Entscheidungs- und Handlungsweg der Bezugsgruppen ab und platziert die Kommunikationsmaßnahmen an den richtigen Stellen.

Zunächst wird die Reiseroute in Etappen unterteilt, die sich aus dem Verhalten der Bezugsgruppen im Kommunikationsprozess ableiten. Die erste Etappe heißt „Wahrnehmen & Aufmerken", dann folgt „Interessieren & Erwägen", daran schließt sich „Entscheiden & Handeln" an und am Ende steht „Bekennen & Unterstützen". Eine abweichende Routenführung ist möglich, sie muss nach den Maßgaben des jeweiligen Kommunikationsprozesses entschieden werden. So kann die Route auf drei Etappen verkürzt oder auf fünf Etappen verlängert werden. Oder bei abweichenden Verhaltensmustern der Bezugsgruppen werden die Etappen anders benannt.

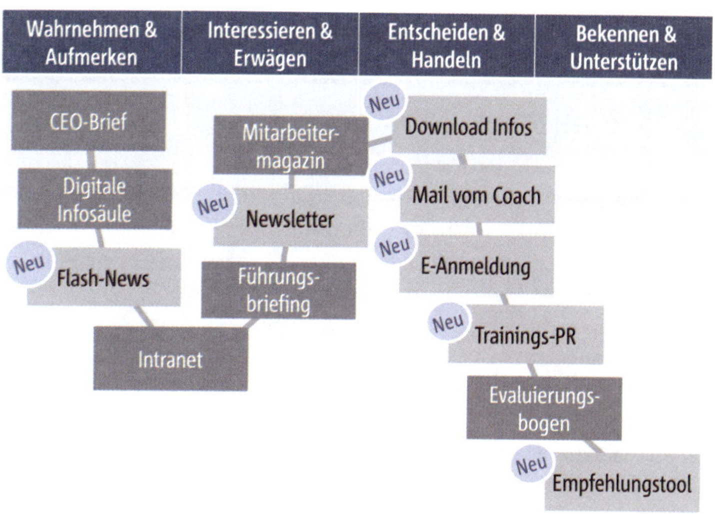

Abbildung 37: Die Mitarbeiterreise

Man stelle sich vor, die Persona aus der Bezugsgruppe nimmt die Kommunikation wahr und merkt auf: Das Thema findet ihr spontanes Interesse und sie informiert sich, entscheidet und handelt im Sinne der Kommunikation. Am Ende hat sie das gute Gefühl, richtig gehandelt zu haben, und unterstützt das Kommunikationsanliegen aktiv. Diesen Prozess will die Kommunikation wirkungsvoll unterstützen. Damit die Reise über alle Etappen reibungslos läuft und die reisende Persona immer wieder in Kontakt mit internen Kommunikationsmaßnahmen kommt, werden diese so verteilt, dass sie an den richtigen Stellen die notwendigen Impulse zur Fortsetzung der Reise geben.

Das Projektteam platziert zuerst die geeigneten Stammmaßnahmen entlang der Reiseroute. Falls unterwegs Streckenabschnitte verwaist bleiben, werden passende neue Kommunikationsmaßnahmen in Stellung gebracht. Als Resultat stattet das Projektteam den gesamten Reiseweg lückenlos mit stimulierenden Kommunikationsmaßnahmen aus.

Die Arbeit mit der Mitarbeiterreise erfordert eine intensive Erfolgskontrolle. Alle Etappen und alle Maßnahmen müssen mit adäquaten Messinstrumenten versehen und regelmäßig überprüft werden. Sobald das Team deutliche Abweichungen feststellt, analysiert es die Ursachen und reagiert angemessen. Da die Maßnahmen aufeinander aufbauen, kann die Mitarbeiterreise nur funktionieren, wenn sich unterwegs keine großen Lücken auftun, die zu Energieeinbußen in der Kommunikationswirkung führen. Die Reise ist wie eine Pipeline zu sehen, die auf der gesamten Strecke einen reibungslosen Durchfluss aufweisen sollte.

Digitale Bibliothek: Mitarbeiterreise

Die Mitarbeitenden sollen ihr Verhalten ändern und die neue Bibliothek annehmen. Um die nötige Nachfrage zu erzeugen, vollziehen wir die Etappen nach, die unsere Bezugsgruppen durchlaufen, bevor sie sich für eine Ausleihe entscheiden. Die Maßnahmen der Kommunikationsaktion werden entlang von vier Etappen punktgenau angesetzt. Dabei ergänzen wir die Stammmaßnahmen aus dem Instrumenten-Portfolio durch neue Maßnahmen, die Schwachstellen in der Reiseroute schließen.

In der ersten Etappe fällt den Mitarbeitenden die neue Bibliothek positiv auf. Danach fahren sie ihre Antennen aus und machen sich schlau. In der dritten Etappe leihen sie ihr erstes Buch aus und lesen. Schließlich bleiben sie dabei, leihen weiterhin Bücher und empfehlen die Bibliothek weiter.

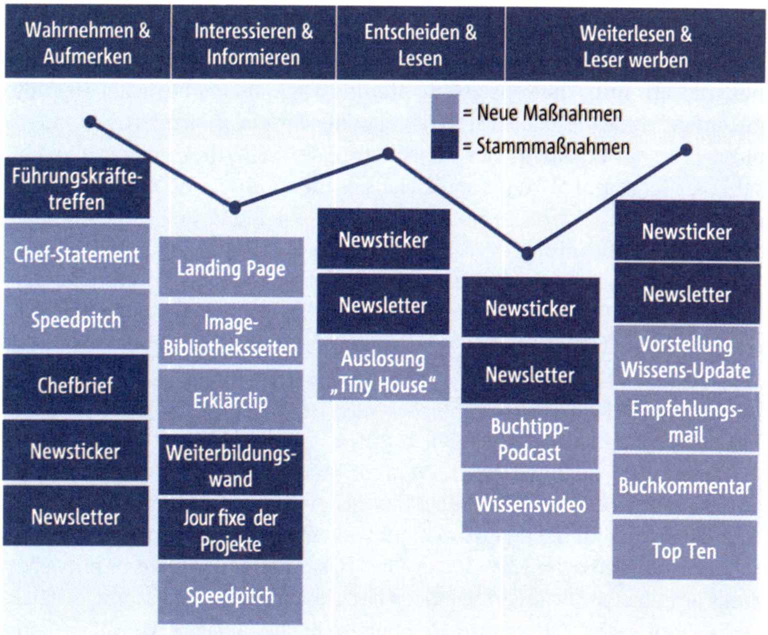

Wahrnehmen & Aufmerken der Führungsebene

Auf dem Führungskräftetreffen zwei Wochen vor Kommunikationsstart holen wir die Bibliothek in den „Relevant Set" der Führungskräfte. Roman Ludwig arbeitet mit dem persönlichen Chef-Statement „Unser Wissen im Wandel" die Bedeutung der digitalen Bibliothek für den Erfolg des Unternehmens heraus. Danach stellt der Weiterbildungsbereich in einem kurzen Speedpitch die Bibliothek vor.

Wahrnehmen & Aufmerken der Mitarbeitenden

Am Tag der virtuellen Eröffnung kommen die Mitarbeitenden morgens zur Arbeit und die Bibliothek macht auf sich aufmerksam. Wir verfolgen den Kommunikationsprozess am Beispiel unserer Persona Sebastian Reinholt. Sebastian findet auf seinem Schreibtisch den ausgedruckten Chefbrief, in dem Roman Ludwig unter der Überschrift „Unser Wissen im Wandel" den Zukunftskurs des Unternehmens mit der Bibliothek als Meilenstein skizziert. Als Sebastian später am Vormittag das Intranet öffnet, läuft oben im Newsticker ein Hinweis auf die neue Bibliothek.

Drei Tage später findet er den monatlichen Newsletter „LudwigNews" in seinem elektronischen Postfach. Der Aufmacher heißt „Wie wir unseren Wissensvorsprung ausbauen" und stellt die neue Bibliothek vor.

Interessieren & Informieren
Sebastians Neugierde ist geweckt, also klickt er im Intranet auf die Bibliothek, die ihn mit einer speziellen Landing Page als Erstbesucher begrüßt und auf den Image-Bibliotheksseiten über die Vorteile informiert. Besonders hilfreich ist ein Erklärclip, der die Nutzung der Bibliothek veranschaulicht. Wenig später auf dem Weg durchs Haus entdeckt er an der Weiterbildungswand am Personalbüro ein großes Plakat, das die Bibliothek als Bestandteil des Weiterbildungsprogramms in den Blickpunkt rückt. Und als einige Tage später im monatlichen Jour Fixe seiner Projektgruppe der Vorgesetzte den Speedpitch zur Bibliothek vorstellt, hat Sebastian das Angebot der Bibliothek fest im Kopf verankert.

Entscheiden & Lesen
Den entscheidenden „Nudge" bekommt er durch eine Auslosung, die im Newsletter und über den Newsticker im Intranet angekündigt wird. Jeder, der ein Buch ausleiht (und sein Einverständnis gibt), nimmt an einem außergewöhnlichen Spiel teil. Zu gewinnen gibt es ein Traumwochenende für zwei Personen im fahrbaren Tiny House eines bekannten Architekten – entweder direkt am Strand mit Meerblick oder hoch oben in den Alpen mit Talblick. Wer über die sechs Aktionsmonate mehrere Bücher ausleiht, ist mit entsprechend vielen Chancen dabei. „Das ist doch was, meine Frau wäre begeistert", denkt sich Sebastian. Und fünf Minuten später hat er ein interessantes Buch zur Zukunft des Betons gefunden und geliehen.

Weiterlesen & Empfehlen
Die zweite Ausleihe lässt nur einige Wochen auf sich warten. Auf der Homepage des Intranets entdeckt er den ersten Buchtipp des Monats. Ein junger Kollege hat ein Buch aus der Bibliothek gelesen und empfiehlt es in einem Podcast weiter, die Besprechung klingt vielversprechend. Sebastian lädt das Buch auf sein Notebook.

Im Spätsommer startet „Wissensvorsprung Projektplanung", per Newsletter und Newsticker wird das Highlightthema bekannt gemacht. Der Verlagspartner hat exklusiv für LudwigPlan ein 2,5-minütiges Wissensvideo produziert, in dem ein bekannter Experte sein neues Buch zur Zukunftspraxis der Projektplanung vorstellt. Das Video ist auf den Bibliotheksseiten des Intranets zu sehen. Da Sebastian zukünftig größere Projekte führen will, leiht er das Buch auf der Stelle aus.

Im November startet das Thema „Großes Wissens-Update". Ein Newsticker und ein Newsletter stellen die Angebotserweiterung heraus und auf den Bibliotheksseiten werden die 70 neuen Bücher kurz vorgestellt. Gleichzeitig starten die Social Media-Funktionen. Da viele bei LudwigPlan unter der Projekt-Bürokratie leiden, wäre das Projektplanungsbuch auch für andere lesenswert, findet Sebastian. Er nutzt die neue Empfehlungsfunktion, vergibt fünf Sterne und lädt seine Kolleginnen und Kollegen zur Lektüre ein. Dazu verfasst er einen kurzen Kommentar. Seine Empfehlung führt dazu, dass das Projektmanagementbuch seinen Platz in der neuen Buch-Top Ten festigt. Die Top Ten werden nicht aus der Zahl der Ausleihen, sondern der Empfehlungen errechnet.

Eine Enttäuschung bleibt Sebastian jedoch nicht erspart: Bei der Tiny-House-Auslosung kurz vor Weihnachten geht er leer aus. Immerhin hat er zwischenzeitlich den Nutzen der Bibliothek erkannt und leiht weiter aus, um sich schlau zu machen.

Dialog implementieren

Die interne Kommunikationsmanagerin nimmt den Dialog ernst. Nachdem das Maßnahmensystem gebaut wurde, überprüft sie mit ihrem Team, ob ausreichend Dialogmöglichkeiten implementiert wurden, und optimiert die Maßnahmen entsprechend. Dabei stellt sie einen hohen Anspruch an die Qualität des Dialogs. Dieser Anspruch ist wichtig: In vielen Planungspapieren ist zwar von Dialog die Rede, aber die Praxis sieht anders aus. Dialogmaßnahmen sind häufig asymmetrisch angelegt. Die Chefetage oder die Kommunikationsmanagerin wollen das Gespräch unter Kontrolle halten und lassen die Gesprächsteilnehmer nur bedingt mitreden. Beispielsweise will ein Vorstand eine Niederlassung schließen und lädt zu dem Zweck die betroffenen Mitarbeitenden zu einer „Dialogveranstaltung" ein. Nur leider sind bereits alle Entscheidungen gefallen. Der Chef verkündet, was Sache ist, und die Untergebenen können nicht mehr als ein paar Fragen stellen. Oder eine interne Kommunikationsabteilung startet einen Blog im Intranet, der das Wort „Mitarbeiterdialog" im Titel führt. Nach wenigen Wochen werden die Kommentarfunktionen geschlossen und unliebsame Kommentare gelöscht, nachdem kritische Stimmen laut wurden. Das ist kein Dialog.

Um der Bezeichnung gerecht zu werden, muss ein Dialogprozess in der internen Kommunikation bestimmten Ansprüchen genügen:

→ **Dialogpartner sind bereit zuzuhören** – Bei internen Verkündigungen sind viele Unternehmen überzeugend, im Zuhören gibt es Nachholbedarf. Zuhören kostet Zeit, beim Zuhören muss man sich zurücknehmen – vor allem Führungskräfte haben damit ihre liebe Mühe.

→ **Dialogpartner sprechen miteinander auf Augenhöhe** – Das Unternehmen darf nicht von oben herab sprechen. Im Dialog verzichtet der

Gesprächspartner darauf, die eigene Stellung oder den eigenen Kompetenzvorsprung gegen den Partner auszuspielen.

→ **Dialogpartner gehen ergebnisoffen ins Gespräch** – Das Unternehmen hat nicht automatisch recht. Seine Repräsentanten sind bereit, aufgrund des Dialogs Standpunkte und Haltungen zu verändern.

In der Summe bedeuten die Dialogregeln für das Unternehmen, dass das interne Kommunikationsprojekt die Schutzzone verlässt, offen kommuniziert und akzeptiert, dass dies in kritischen Situationen ungemütlich werden kann.

Der Dialog ist zudem ein ideales Sprungbrett für die Partizipation. Er erhöht die Wahrscheinlichkeit, dass die Mitarbeitenden zu Teilnehmenden werden, die mitwirken und mitgestalten. Mitwirken meint allerdings nicht den obligaten Like-Klick im Intranet, sondern eine echte Teilhabe – zum Beispiel Mitwirkung bei einem New-Work-Konzept oder Mitgestaltung des Jubiläumsprogramms. Was der Mensch selbst praktiziert, wird besser gelernt und behalten.

Maßnahmen ausarbeiten

Alle Maßnahmen des Kommunikationsprojekts müssen soweit ausgearbeitet werden, dass ein klares Bild ihres Einsatzes entsteht. Es geht um das große Bild, Details spielen keine Rolle. Sie kommen später in der Planungsphase dazu. Die Ausarbeitung ist vor allem für neue Maßnahmen wichtig, die für die Workshop-Teilnehmenden ungewohnt sind.

Die Ausarbeitung erfolgt im Workshop aus Zeitgründen lediglich mit wenigen Stichworten. Die interne Kommunikationsmanagerin nimmt sie mit ins Büro und erweitert sie im Anschluss zu einem schlüssigen Maßnahmenprofil. Jede Maßnahme ist ein Angebot und der Auftraggeber soll ihr das Angebot „abkaufen". Bei der Ausarbeitung des Maßnahmenprofils orientiert sie sich an folgendem Schema:

→ **Grundfunktion** – Wofür soll die Maßnahme eingesetzt werden? Die Mehrzahl der Maßnahmen sind qualifizierte Spezialisten, nur einige sind Generalisten mit vielfältigen Einsatzzwecken innerhalb des Projekts.

→ **Operative Ziele** – Jede Maßnahme braucht klar definierte Einsatzziele, an der sich Planung, Umsetzung und Erfolgskontrolle orientieren. Die operativen Ziele werden an den vorgegebenen strategischen Kommunikationszielen ausgerichtet.

→ **Relevante Bezugsgruppen** – Wen nimmt die Maßnahme ins Visier? Die Kommunikationsmanagerin bestimmt die jeweils avisierten Bezugsgruppen. Sie leiten sich unmittelbar aus der strategischen Gruppenbestimmung ab. Die Maßnahmen müssen in der Summe alle strategischen Bezugsgruppen adressieren. Keine darf außen vor bleiben.

→ **Konkrete Maßnahmeninhalte** – Die Maßnahme muss genügend Platz für die avisierten Botschaften und Themen bieten und darf nicht überladen werden. Ein Banner im Intranet kann kaum Inhalte transportieren, ein Whitepaper dagegen umso mehr.

→ **Grobe Maßnahmenausarbeitung** – Bei neuen Maßnahmen werden in Umrissen die grundlegenden Merkmale skizziert. Bei etablierten Maßnahmen erfasst die Kommunikationsmanagerin nur die speziellen Einsatzmerkmale und Maßnahmenanpassungen in Bezug auf das Projekt.

→ **Spezifische Vernetzung** – Eine Maßnahme tritt nie als Solist, sondern als guter Teamplayer auf. Es werden die wesentlichen Verbindungen und Wechselwirkungen zu den anderen Maßnahmen des Kommunikationsprojekts dargestellt.

Insgesamt entsteht eine vollständige Maßnahmenübersicht über alle Aktivitäten im Rahmen des internen Kommunikationsprojekts. Aus der abstrakten Strategie ist eine konkrete Vorgehensweise geworden.

Ergänzende Direktiven

Timing festlegen

Die Hauptbestandteile der Operation sind damit fertiggestellt. Anschließend komplettieren ergänzende Festlegungen das Konzept. Im Workshop werden sie meist nur kurz angerissen, da das Ende der gemeinsamen Arbeit naht und die Zeit drängt.

Das Projektteam beginnt mit der zeitlichen Einordnung der konzipierten Maßnahmen. Der zeitliche Horizont ist wichtig, um zu beurteilen, ob das Kommunikationskonzept machbar ist. Aus einer überzeugenden Strategie mit schlagkräftigen Maßnahmen kann durch einen zu engen dramaturgischen Rahmen „ein Ding der Unmöglichkeit“ werden. „Völlig unrealistisch! Nicht zu schaffen!“, entrüsten sich die Verantwortlichen im Review.

Für das Projektteam kommt es darauf an, den zeitlichen Bogen nicht zu überspannen. Die Dramaturgie muss realistisch sein und darf die Mitarbeitenden, die später „an der Front" die Umsetzung übernehmen, nicht durch eine zu hohe Taktzahl überfordern. Die Review-Teilnehmenden benötigen eine übersichtliche Darstellung der Kommunikationsabläufe als Orientierungshilfe. Der Zeitplan hilft ihnen, Aufwand und Ressourcen abzuschätzen, Verantwortlichkeiten zu erkennen und dadurch die Operationalisierbarkeit des Projekts abzusichern.

Das Konzept bewegt sich auf der kommunikationspolitischen Ebene. Hier geht es noch nicht um eine detaillierte Zeitplanung, ein grobes Timing ohne exakte Termine reicht aus. Darum legt das Team nur die wesentlichen Zeitparameter fest.

Wie stellt das Team das Timing dar? Die übliche Methode ist die Visualisierung über ein Zeitdiagramm. Es geht nicht um ein aufwändiges Gantt-Diagramm aus dem klassischen Projektmanagement. Im Kommunikationskonzept ist die visuelle Darstellung übersichtlich und schnell erfassbar. Zum Beispiel weist die Zeitachse nur Kalenderwochen, Monate oder Quartale aus. Eventuell werden auch nicht alle, sondern nur die maßgeblichen Maßnahmen zeitlich eingeordnet. Kommt ein Unbeteiligter in den Workshop-Raum, kann ihm das Team das Timing der Kommunikationsaktivitäten in einer halben Minute transparent machen.

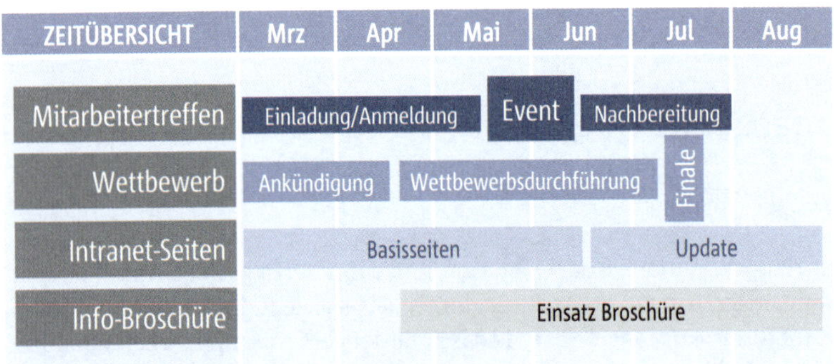

Abbildung 38: Das grobe Timing der Kommunikationsaktivitäten

Welche Parameter bezieht das Team in seine Überlegungen ein, wenn es an der Zeiteinteilung für das Kommunikationskonzept arbeitet? Zu den Basiselementen der zeitlichen Konzeption gehören:

→ **Zeitraum der Kommunikationsaktivitäten definieren** – Meist ist der Zeitraum aufgrund der Aufgabenstellung oder der Projektprämissen fest vorgegeben, im Regelfall wird für ein Jahr geplant. Das bedeutet nicht, dass das Team die vorgegebene Zeit blind übernimmt. Sobald triftige konzeptionelle Gründe dagegensprechen, kann es den Zeitraum verändern.

→ **Start- und Schlusszeitpunkt festlegen** – Auftakt und Finale haben hohe Bedeutung für die Adaption von Kommunikation, deshalb sollten sie mit Bedacht gewählt werden. Ein Kampagnenauftakt an einem Montag oder eine Finissage einer Mitarbeitergalerie am Endspieltag der Fußball-WM empfehlen sich nicht.

→ **Interne und externe Meilensteine festlegen** – Für ein sicheres Timing müssen alle internen und externen Meilensteine bekannt sein. Das Projektteam behält das Umfeld im Blick und prüft tangierende Ereignisse. Wenn intern z. B. ein Umzug der Verwaltung läuft, dann wäre das ein schlechter Zeitpunkt für ein Mitarbeiterfest. Extern stehen die Sommerferien an, auch das wäre hinderlich für das Fest. Die Kommunikation orientiert sich an solchen Meilensteinen. Positive Ereignisse können als Verstärker genutzt werden, negativen oder konkurrierenden Ereignissen sollte man ausweichen.

→ **Phasen einziehen** – Die Kommunikation muss nicht ununterbrochen bis zum Ende durchlaufen, sondern kann in dramaturgische Phasen unterteilt werden. Das Kommunikationsthema wird in einer Prologphase vorbereitet, danach mit einer Startphase in die interne Öffentlichkeit gebracht und in der Etablierungsphase fest in den Köpfen der Bezugsgruppen verankert.

→ **Wellen einplanen** – Phasen und Wellen werden häufig synonym verwendet. Sie sind es nicht. Die Welle ist ein kompletter Zyklus, die Phase nur der Abschnitt eines Zyklus. Das Team unterteilt die interne Kampagne z. B. in drei große Wellen und jede hat eine Prolog-, eine Start- und eine Etablierungsphase. Wellen machen nur bei großen Kommunikationskampagnen mit vielen Maßnahmen Sinn.

→ **Zeitliche Höhepunkte konstituieren** – Gleichförmige Ansprache geht im kommunikativen Grundrauschen leicht unter. Umgekehrt kann das Team mit wenigen gut terminierten und kreativ inszenierten Höhepunkten massiv an Interesse gewinnen: Die Zielgruppen merken auf und fahren ihre Antennen aus.

→ **Pausen vorsehen** – Eine permanente Präsenz nimmt der Kommunikation mit der Zeit die Wirkung. Der Dramaturgie bekommt es besser, wenn an den richtigen Stellen Pausen vorgesehen sind. Das richtige Pausensetzen ist eine Kunst. Zu kurze Pausen werden von den Bezugsgruppen nicht wahrgenommen. Zu lange bergen das Risiko in sich, dass bereits Gelerntes wieder vergessen wird und neu vermittelt werden muss. Das ist wie mit Sommerferien in der Schule. Danach muss der Lehrer den Stoff erst auffrischen, bevor es weitergehen kann.

→ **Wiederholungen einplanen** – Innerhalb der zeitlichen Dramaturgie arbeitet das Konzept stets mit Wiederholungen. Das ist ein Grundprinzip der Kommunikation. Das Intranet-Banner geht immer zu Anfang des Monats online. Die interne Promotionsaktion läuft einmal im Frühling und einmal im Herbst. Der Newsletter wird zu Anfang jedes Quartals an die Mitarbeitenden gemailt.

→ **Aktivitäten abgrenzen** – Notwendig ist die Abgrenzung von anderen internen Kommunikationsprojekten. Das anstehende Projekt läuft nie allein, die Kommunikationsmanagerin hat eine Reihe von weiteren Aktivitäten in Betrieb. Bereits laufende Projekte und das neue Projekt stimmen sich gründlich ab. Es darf keinesfalls zu irgendwelchen Kollisionen und Überschneidungen kommen.

Wirkungsvolle Kommunikation ist dramaturgisch gut durchdacht. Sie ist wie ein Theaterstück oder ein Film, in dem das Projektteam Regie führt. Spannung und Überraschung ziehen die Zuschauer in die Handlung. Der Wechsel zwischen Tempo und Ruhephasen hält das Interesse aufrecht, und ein starkes Happy End sorgt für die Auflösung am Schluss.

Digitale Bibliothek: Timing Durchführung

Das nachfolgende Zeitschaubild ordnet die Aktivitäten unserer Kommunikationsaktion in ihrer zeitlichen Abfolge ein. Alle Maßnahmen der Mitarbeiterreise werden erfasst. Es geht um den großen zeitlichen Rahmen, nicht um terminliche Details. Aus dem Grund haben wir die Zeitachse nachfolgend nur grob in Monate unterteilt. Für eine taggenaue Planung ist es noch zu früh. Zu erkennen ist, dass die einzelnen Maßnahmen dramaturgisch ineinandergreifen und über die Aktionszeit einen durchgehenden Spannungsbogen bilden. Wir erzeugen eine hohe Kommunikationsdichte: Sie soll sicherstellen, dass alle Kolleginnen und Kollegen im Unternehmen zumindest von der Bibliothek gehört und einen ersten Eindruck gewonnen haben.

Bei einer Fortsetzung der Kommunikation über den geplanten Aktionszeitraum hinaus werden die Buchtipps und das Wissensvideo als fester Bestandteil fortgesetzt. Das Tiny House-Spiel läuft mit der Bekanntgabe der Gewinner aus und wird nicht wiederholt.

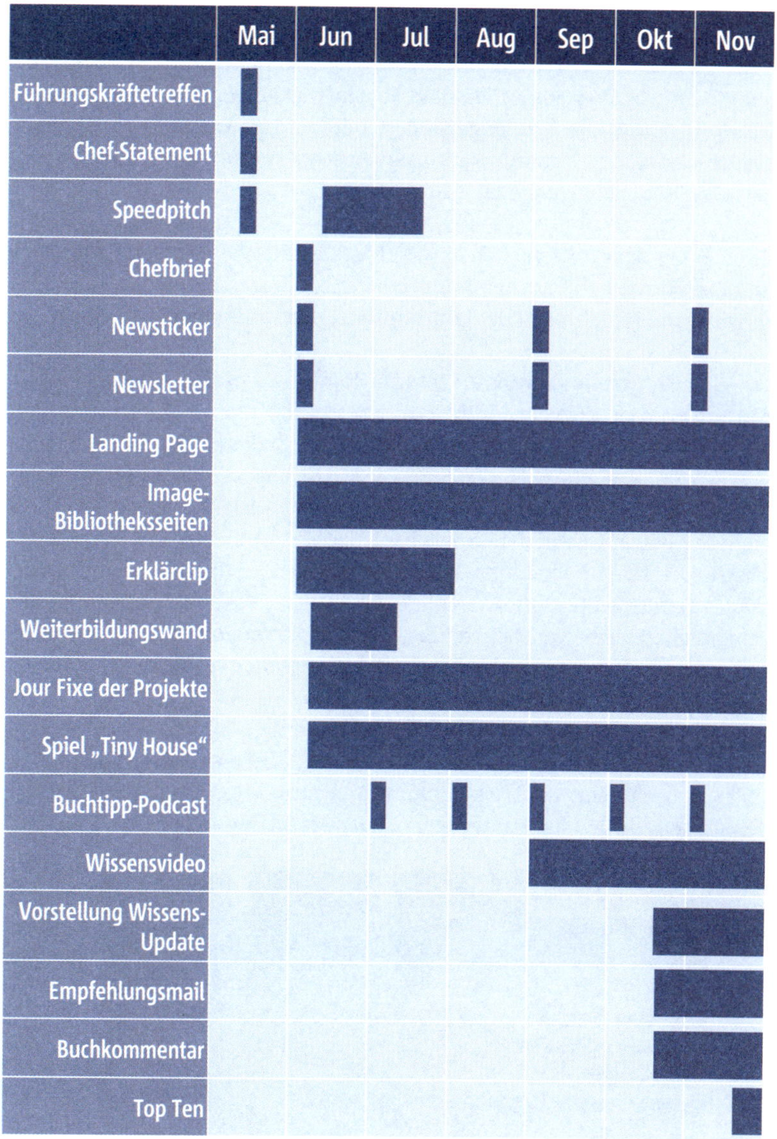

Erfolgskontrolle installieren

Die Maßnahmen und ihr zeitlicher Einsatz sind geklärt. Als Nächstes ist zu bestimmen, wie die „Performance“ der Kommunikation kontrolliert wird. Die interne Kommunikation ist keine exakte Wissenschaft, es gibt viele Unwägbarkeiten und Unvorhersehbares. Selbst eine gründliche Konzeption und

Planung ist fehleranfällig, und das Projektteam erlebt immer wieder Überraschungen. Vor diesem Hintergrund wird eine systematische Erfolgskontrolle unentbehrlich. Sie stellt sicher, dass Fehlentwicklungen frühzeitig erkannt, dass schnell und konsequent gegengesteuert wird. So kann das Projektteam die Schlagkraft der Kommunikationsarbeit schrittweise erhöhen und das angestrebte Projektziel schneller erreichen.

Unter Erfolgskontrolle verstehen wir die systematische Erfassung, Messung und Bewertung von internen Kommunikationsprozessen mit dem Ziel, die Qualität und Wirksamkeit der Kommunikation zu erhöhen.

In vielen Unternehmen wird die interne Kommunikation nicht ausreichend kontrolliert. Das ist nicht Faulheit, es hat viel mit notorischer Arbeitsüberlastung der Kommunikationsmanagerin zu tun. Zudem spielt der Schutz der Mitarbeiterdaten eine wichtige Rolle. Die Möglichkeiten der Erfolgskontrolle haben sich in den letzten Jahren immens weiterentwickelt. Es gibt inzwischen digitale Werkzeuge, mit denen sich die Belegschaft umfassend kontrollieren lässt. In den USA und in China werden sie eingesetzt. Für uns ist der gläserne Mitarbeitende keine Option. Folglich lautet unser Postulat: Der Schutz der Persönlichkeit geht vor. Kontrollinstrumente kommen nur dann zum Einsatz, wenn zu 100 % gewährleistet ist, dass die Ergebnisse nicht Rückschlüsse auf einzelne Kollegen oder Teams ermöglichen.

Erfolgskontrolle ist immer und überall. Sie findet in allen Phasen des Projekts statt – vor, während und nach der Kommunikation – und in allen Bereichen der Konzeption von der Strategie bis zu den Maßnahmen.

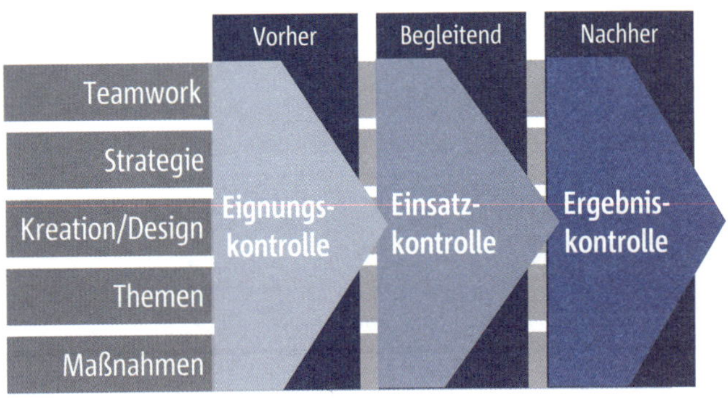

Abbildung 39: Die Erfolgskontrolle auf allen Ebenen

Vor dem Kommunikationsstart läuft in der Konzeptions- und Planungszeit die **Eignungskontrolle**. In dieser frühen Phase wird das Kommunikationskonzept auf den Prüfstand gestellt und präventiv die Eignung der im Konzept beschriebenen Kommunikationskomponenten überprüft. Da testet das Team zum Beispiel die Wahrnehmung eines internen Slogans oder die Akzeptanz des geplanten Mitarbeiter-Podcasts. Zuerst wird ein sogenannter „Friendly User-Test" durchgeführt. Dabei werden die Testelemente zunächst einem oder mehreren Mitarbeitenden gezeigt, die positiv eingestellt sind. Das Team nimmt die Anregungen auf und verbessert die Konzeption. In einer zweiten Runde, dem Härtetest, kommen kritische Mitarbeitende als Tester dazu.

Während der Kommunikationszeit läuft die **Einsatzkontrolle** durch Monitoring. Speziell in den Startwochen ist der Monitoring-Aufwand hoch, um Probleme zügig zu erkennen und zu beheben. Mit der Zeit kann der Kontrollaufwand immer weiter zurückgefahren werden. Das Monitoring überwacht alle laufenden Prozesse. Es werden z. B. die Reaktionen der Bezugsgruppen auf den kreativen Aufhänger, die Durchdringung der Themen oder die „Performance" laufender Maßnahmen geprüft. Zeigt sich ein Fehler, der als kritisch zu bewerten ist, reagiert das Team sofort. Das Monitoring erfolgt online und offline. Online werden zum Beispiel die Abrufzahlen für Intranet-Seiten oder die durchschnittliche Hördauer des neuen Chef-Podcasts ermittelt. Offline ist das Monitoring aufwendiger. Das Team wertet nach einer Rede des Vorstands die Fragen und Anmerkungen der Mitarbeitenden aus. Oder ein Azubi beobachtet die Adaption der neuen Multimedia-Wand im Personalraum: Wie viele Kolleginnen und Kollegen bleiben stehen und wie lange?

Meist reicht es aus, an einigen Punkten die Stellschrauben der laufenden Kommunikation nachzujustieren. Manchmal kann es passieren, dass erhebliche Veränderungen notwendig sind. Was auch passiert, die Ergebnisse des Monitorings dürfen nicht zu kurzfristigem Aktionismus führen. Das Projektteam plant mit Weitblick und orientiert sich an den Koordinaten der strategischen Linie.

Im Anschluss an die Kommunikation erfolgt die **Ergebniskontrolle**. Überprüft wird die Zielerreichung im Vergleich zu den vorher fixierten Indikatoren und Kennzahlen. Das Projektteam bilanziert, wo Ziele erreicht oder verfehlt wurden. Die Ergebniskontrolle wird als Schlussreport schriftlich dokumentiert und allen Beteiligten zur Verfügung gestellt. Der Report dient als Orientierungsrahmen für die Entwicklung zukünftiger Kommunikationsprojekte.

Die Kontrolle läuft vor, während und nach der Kommunikation parallel auf allen Prozessebenen der Konzeption:

→ **Kontrolle des Teamworks** – Das Projektteam hat gemeinsam das interne Kommunikationsprojekt angeschoben und am Laufen gehalten. Während der Zusammenarbeit gab es Probleme und Erfolgserlebnisse.

Bestimmte Tools und Techniken der gemeinsamen Arbeit haben gut funktioniert, andere sind gefloppt. Die Qualität der Zusammenarbeit wird in kleinen Meetings – sogenannten „Retrospektiven", kurz: Retros – regelmäßig überprüft.

→ **Kontrolle der Strategie** – Das Projektteam stellt die strategischen Koordinaten von der Struktur der Bezugsgruppen bis zu den Botschaften auf den Prüfstand. Treten Abweichungen vom Soll des Konzepts auf, werden die Ursachen analysiert und mögliche Konsequenzen für die Zukunft diskutiert.

→ **Kontrolle von Kreation und Design** – Wie kommen die kreativen Ideen und die Gestaltung an? Das Team überprüft die Resonanz der gestalterischen Elemente vom Slogan bis zum Key Visual. Diese Kontrolle sollte möglichst früh im Rahmen der Eignungskontrolle erfolgen, denn wenn die Kommunikation läuft, ist kaum noch etwas zu retten.

→ **Kontrolle der Themen** – Die Themen müssen bei den Bezugsgruppen ein starkes Echo finden. Themen lassen sich ohne großen Aufwand nachsteuern. Bei Problemen suchen die Beteiligten sofort nach Gründen und machen Verbesserungsvorschläge.

→ **Kontrolle der Maßnahmen** – Die Maßnahmen werden getestet. Wie hat sich eine neue Aktionsseite im Intranet oder ein interner Newsletter in der Praxis bewährt? Auch die Einhaltung von Zeit- und Kostenvorgaben ist Anlass zur Kontrolle.

Die gesamte Ergebniskontrolle erfolgt offen und ehrlich. Sie darf nicht zum Erfolgsbericht verkommen, der lediglich feststellt, dass alles prima gelaufen ist. Fehler müssen ehrlich benannt und schonungslos analysiert werden, um die Kommunikation zu verbessern.

Innerhalb des Konzeptionsworkshops widmet die interne Kommunikationsmanagerin dem Kapitel Erfolgskontrolle vergleichsweise wenig Zeit. Das Team legt die wesentlichen Messpunkte fest und definiert, was gemessen werden soll. Oft laufen bereits regelmäßige Messungen im Haus, deren Ergebnisse mitgenutzt werden können. So kann die Personalabteilung Auskunft geben, ob die Kündigungsquote gestiegen oder sich die Teilnahme an der internen Weiterbildung verbessert hat. Um blinde Stellen in der Kontrolle zu vermeiden, werden zusätzliche Kontrollinstrumente ergänzt. Beispielsweise werden vertrauliche Gespräche angesetzt, um zu klären, warum Mitarbeitende gekündigt haben. Oder die Stimmungslage unter den Auszubildenden wird durch die Teilnahme an einem Azubi-Treffen ausgelotet.

Zur Erfolgskontrolle gehört letztendlich sogar die Kontrolle der Kontrolle. Welche Messinstrumente haben sich bewährt und welche haben nur mangelhafte Ergebnisse geliefert?

Digitale Bibliothek: Erfolgskontrolle

Wir kontrollieren vor, während und nach der Kommunikationsaktion möglichst lückenlos, soweit es ohne große Kosten möglich ist. Die Monitoring-Reports werden in den ersten sechs Wochen wöchentlich erstellt, danach monatlich. Die Gesamtauswertung erfolgt nach dem Aktionsende und wird von unserem Team in einem Debriefing analysiert.

Kontrolle des Teamworks

- Organisation einer Retrospektive mit allen Teammitgliedern zum Ende der Konzeptions- und Planungsphase.

Kontrolle auf der strategischen Ebene

- Wöchentliche Messung aller kurzfristigen Kommunikationsziele anhand der Schlüsselergebnisse und der entsprechenden Messwerte.
- Bildung einer Fokusgruppe aus dem Mitarbeiterkreis und Prüfung der einzelnen Strategiekomponenten in direkten Gesprächsrunden.

Kontrolle auf der kreativen Ebene

- Interner A/B-Test von unterschiedlichen Versionen des Key Visuals, Thematisierung des Schlüsselbilds in der Fokusgruppe.
- Interne Spontantests des neuen Begriffs für die Bibliothek, Thematisierung des Begriffs in der Fokusgruppe.

Kontrolle auf der operativen Ebene

Wir kontrollieren alle Maßnahmen unserer Kommunikationsaktion, erfassen die Ergebnisse und werten sie aus. In die Auswertung fließt die Bilanz der ausgeliehenen Bücher ein, die uns der Weiterbildungsbeauftragte zur Verfügung stellt.

- **Eignungskontrolle** – z. B. durch den Einsatz von Kollegen als Probenutzer der Landing Page oder des Erklärclips.
- **Einsatzkontrolle** – durch permanentes Monitoring von Traffic und Nutzungsdauer der Landing Page, des Erklärclips, der Podcasts und der Bibliotheks-Imageseiten.
- **Ergebniskontrolle** – durch umfassende Auswertung, ob alle kurzfristigen Ziele erreicht wurden, und durch Analyse der Abweichungen.

Bei ernsten Problemen in allen Bereichen der Kommunikationsaktion werden wir innerhalb von drei Tagen reagieren und notwendige Optimierungen vornehmen.

Budgetübersicht erstellen

Was kostet „der ganze Spaß"? Das ist genau die Frage, die der Auftraggeber meist als Erstes stellt und die eine verlässliche Antwort erfordert. Das Konzept ist ein grundlegendes Dokument, das die Architektur der internen Kommunikation skizziert. Deshalb wird im Rahmen der Konzeption lediglich eine Budgetübersicht entwickelt. Sie sorgt für Kostentransparenz und dient als Entscheidungsgrundlage für den Auftraggeber. Für eine vollständige Kalkulation der Kosten ist es zu früh. Das Konzept muss erst mit dem Auftraggeber abgestimmt werden, Änderungen sind zu erwarten. Zudem sind bei den Maßnahmen viele planerische Einzelheiten völlig unklar. In der Situation macht es keinen Sinn, schon im Detail zu kalkulieren.

Die Budgetübersicht ist nicht Bestandteil des Konzeptionsworkshops, jedenfalls haben wir es in unserer Praxis selten erlebt, dass zum Ende des Workshops über Kosten geredet wurde. Die interne Kommunikationsmanagerin geht erst im Anschluss an den Workshop mit Unterstützung einzelner Teammitglieder in die grobe Budgetierung.

Es liegt in ihrem Interesse, dass das neue Kommunikationskonzept auf soliden wirtschaftlichen Füßen steht. Falls sie feststellt, dass die Teilnehmenden mit ihren Vorschlägen „in die Vollen gehen", sodass ein Missverhältnis zwischen geplanten Aktivitäten und bereitstehendem Etat entsteht, greift sie schon im Laufe des Workshops ein. So ist garantiert, dass das fertige Konzept als realistische Budgetierungsgrundlage taugt.

Die Budgetübersicht ist ein bis zwei Seiten lang und erfasst die wichtigen Kostenpositionen. Der Auftraggeber kann sofort erkennen, wofür das Budget eingesetzt wird:

→ **Maßnahme** – Alle Highlight-Maßnahmen werden einzeln mit einem Budgetposten erfasst. Flankierende Maßnahmen können gruppiert und es kann für die Gruppe ein Gesamt-Budgetposten erstellt werden.

→ **Einzelsumme** – Für jeden Budgetposten sind die geschätzten Gesamtkosten mit einem Euro-Betrag darzustellen. Es wird nur mit glatten Beträgen gearbeitet – also 2.500 Euro und nicht 2.512,34 Euro.

→ **Leistungsmerkmale** – Da jede Maßnahme in der vorangegangenen Umsetzungskonzeption beschrieben wurde, beschränkt sich die Kommunikationsmanagerin auf elementare Merkmale, die die Höhe des Budgetpostens verdeutlichen – z. B. Auflage und Seitenumfang bei einer Broschüre, Teilnehmerzahl und Dauer eines Events.

→ **Struktur** – Die Budgetübersicht ordnet die Maßnahmen entsprechend der im Maßnahmenteil des Konzepts aufgebauten Struktur – zum Beispiel in die vier Etappen der Mitarbeiterreise. Es entstehen mehrere Maßnahmenblöcke.

→ **Zwischen- und Gesamtsumme** – Unter jedem Maßnahmenblock steht eine Zwischensumme, die herausgehoben wird. Die Budgetübersicht schließt mit der Gesamtsumme. Sie sollte dem ursprünglich geplanten Betrag entsprechen, der mit dem Auftraggeber im Rahmen der Aufgabenstellung abgestimmt wurde. Abweichungen sind zu begründen.

Erst vor dem Hintergrund einer transparenten Budgetierung lässt sich die Wirtschaftlichkeit des Konzepts beurteilen, der Vergleich von Leistung (im Konzept beschrieben) und Kosten (im Budgetplan erfasst) versetzt den Auftraggeber in die Lage, sich für oder gegen das Konzept zu entscheiden.

Und was tun, wenn das Budget den ursprünglichen Rahmen sprengt? Die Lösung ist eine kostenbezogene Differenzierung der Maßnahmen. In der Praxis haben sich zwei Modelle bewährt: die Stufen- und die Szenario-Struktur.

Bei der **Stufen-Struktur** nimmt die Kommunikationsmanagerin die geplanten Maßnahmen und unterscheidet zwischen Basismaßnahmen, die für den Erfolg des Projekts unverzichtbar sind, sowie zusätzlichen Ausbaupaketen, die der Kommunikation mehr Komfort geben. Das Ausbaupaket I baut den Mitarbeitertreff des Basispakets aus und Paket II schlägt einen zusätzlichen Ideenwettbewerb für Auszubildende vor. Der Auftraggeber kann sich flexibel entscheiden, wie viel er in das Kommunikationsprojekt investieren will.

Um die Chancen eines Ausbaus zu erhöhen, empfiehlt es sich, die Ausbaupakete attraktiv auszuarbeiten. Denn ist der Auftraggeber emotional angetan und sieht den Erfolg vor Augen, ist er eher bereit, den Etat nicht so eng zu sehen. Vielleicht findet sich ein anderer Budgettopf im Unternehmen, aus dem die zusätzlichen Maßnahmen finanziert werden können. Begeisterung macht erfinderisch. Denkbar wäre zum Beispiel, dass der Ideenwettbewerb für die Auszubildenden aus dem vorhandenen Topf für hausinterne Innovationsförderung bezahlt wird.

Alternativ kann die Kommunikationsmanagerin auch mit **Szenarien** arbeiten. Sie bietet dem Auftraggeber unterschiedliche Größenordnungen des Kommunikationsaufwands an, z. B. eine Minimalausführung, eine mittelgroße und eine optimale Variante. Jede funktioniert im Sinne der Strategie und bietet ein geschlossenes Maßnahmensystem, das auf die Kommunikationsziele zugeschnitten ist. Der Unterschied zwischen den Szenarien liegt in der Zahl und dem Umfang der Maßnahmen. Die Minimalvariante beschränkt sich auf das Notwendige, die Optimal-Variante bringt hohe Sicherheit.

Der große Vorteil der Szenarien-Lösung liegt darin, dass jede der Varianten ein in sich geschlossenes Maßnahmensystem darstellt, in dem alles ineinandergreift. Eine hohe Funktionstüchtigkeit ist so auf jeden Fall gewährleistet. Bei der Stufen-Struktur passiert es dagegen nicht selten, dass der Auftraggeber „Wünsch dir was!" spielt und sich ausgerechnet die Zusatzmaßnahmen heraussucht, die in Kombination nicht optimal zusammenspielen.

Digitale Bibliothek: Budgetüberblick

Das zur Verfügung stehende Budget liegt bei 18.000 Euro netto für die Aktionszeit von Mai bis November. Es ist zu früh für eine genaue Kalkulation, in der vorliegenden Budgetierung haben wir alle Positionen der Kampagne grob erfasst. Die Kostenpositionen basieren auf Anfragen bei unseren Lieferanten und Dienstleistern, die Schätzungen, aber keine Angebote abgegeben haben. Wir haben hier Firmen angefragt, mit denen wir schon länger zusammenarbeiten. Aufgrund von Erfahrungswerten vorangegangener Kommunikationsprojekte ist bei den verbindlichen Angeboten der Fremdfirmen mit einer Abweichung von 5 bis 10% zu rechnen.

Die Budgetierung erfasst nur die anfallenden Fremdkosten. Unsere kalkulativen Personalkosten wurden nicht erfasst. Einzelne Maßnahmen, wie z. B. die Empfehlungsmails, werden anderen Budgets unseres Hauses zugerechnet. Die jeweiligen Budgets wurden in der Beschreibungsspalte konkret benannt. Erste Rücksprachen mit der betreffenden Fachabteilung sind bereits erfolgt – mit positivem Feedback.

Besonders lukrativ ist für uns die Bereitschaft des Partnerverlags, die Finanzierung des Wissensvideos zu übernehmen. Hier liegt ein großes Einsparpotenzial, allerdings verlieren wir dadurch die redaktionelle Regie. Der Verlag hat aber seine Bereitschaft signalisiert, die Inhalte mit uns in Grundzügen abzustimmen.

Maßnahme	Beschreibung	Kosten
1.	Kreativer Aufhänger	
Key Visual gestalten	Freier Grafiker (angefragt)	1.500,-
Neuen Begriff entwickeln	Freier Texter (angefragt)	500,-
	Zwischensumme	2.000,-
2.	Wahrnehmen & Aufmerken	
Führungskräftetreffen	Anderes Budget	0,-
Chef-Statement	Manuskript erstellen, intern	0,-
Speedpitch	Folien gestalten, intern	0,-
Chefbrief	Text erarbeiten, intern	0,-
Newsticker	Headlines schreiben, intern	0,-
Newsletter	Texte schreiben, intern	0,-
	Zwischensumme	0,-
3.	Interessieren & Informieren	
Landing Page	Design + Text, Agentur (angefragt)	1.500,-
Image-Bibliotheksseiten	4 Seiten, Text, Design, Agentur (angefragt)	4.000,-
Erklärclip	Video, Text, Agentur (angefragt)	1.600,-
Weiterbildungswand	Plakat, Design, Print, 20 Ex. Agentur (angefragt)	500,-
Jour Fixe für Projekte	Anderes Budget	0,-
Speedpitch	Folien gestalten, intern	0,-
	Zwischensumme	7.600,-
4.	Entscheiden & Lesen	
Newsticker	Headlines schreiben, intern	0,-
Newsletter	Texte schreiben, intern	0,-
Spiel „Tiny House“	Reise Tiny House, ext. Dienstleister (angefragt)	5.000,-
	Zwischensumme	5.000,-
5.	Weiterlesen & Leser werben	
Newsticker	Headlines schreiben, intern	0,-
Newsletter	Texte schreiben, intern	0.-
Buchtipp-Podcast	5 Ausgaben, Regie, Ton, Agentur (angefragt)	3.000,-
Wissensvideo	Kosten übernimmt Partnerverlag	0,-
Vorstellung Wissens-Update	2 Seiten Intranet, Gestaltung inhouse	0,-
Empfehlungsmail	Feature installieren, Budget Weiterbildung	0,-
Buchkommentar	Feature installieren, Budget Weiterbildung	0,-
Top Ten	Feature installieren, Budget Weiterbildung	0,-
	Zwischensumme	3.000,-
	Gesamt netto	17.600,-

Konzept aufschreiben und präsentieren

Der Konzeptionsworkshop ist beendet, an den Wänden hängen die Flipcharts mit den Ergebnissen der Arbeit. Alle Konzeptschritte sind handgeschrieben in Stichworten zu sehen. Für die Workshop-Teilnehmenden wird das Konzept wieder lebendig, wenn sie sich die Charts nacheinander anschauen. Für Außenstehende wirken die Charts relativ ungeordnet, schlecht lesbar und nicht immer verständlich.

Damit das Ergebnis als Richtschnur für die weitere Projektarbeit und Entscheidungsgrundlage für den Auftraggeber dienen kann, ist es notwendig, das auf den Flipcharts stehende Konzept zu dokumentieren. Dabei sollte der Aufwand – im Sinne einer agilen Vorgehensweise – so gering wie möglich gehalten werden. Bei Konzepten, deren Inhalte unkritisch und unstrittig sind, kann es sich die Kommunikationsmanagerin einfach machen. Die Zusammenstellung erfolgt als Fotodokumentation. Die Charts an der Wand werden mit Smartphone oder Tablet unter Verwendung einer speziellen App abfotografiert. Die App steuert die Belichtung nach, richtet die Charts gerade aus und schneidet unnötige Ränder weg, auf Wunsch vollautomatisch. Das Dokument wird als PDF abgespeichert, mit einer Titelseite und einem einleitenden erklärenden Text ergänzt – und fertig ist die Dokumentation. Falls die Dinge erklärungsbedürftiger sind, kann die Kommunikationsmanagerin die Fotos im PDF-Dokument zusätzlich mit ergänzenden Kommentaren versehen.

Ähnlich geht die interne Kommunikationsmanagerin für die mündliche Präsentation vor. Auch hier reicht die „Quick & Dirty"-Version in vielen Fällen aus. Die Charts des Workshops werden abgenommen und im Sitzungsraum des Auftraggebers wieder aufgehängt. Die interne Kommunikationsmanagerin präsentiert das Konzept vor dem Auftraggeber, in dem sie sich von Chart zu Chart bewegt und die einzelnen Schritte des Konzepts vorstellt. Im Eifer des Workshop-Gefechts mögen manche Folien unleserlich geraten sein, darum schreibt sie die betreffenden Charts vorher sauber ab. Die Präsentation hat Arbeitscharakter und läuft dialogisch. Die Auftraggeber können während des Vortrags Fragen stellen und Anmerkungen machen. Am Ende bekommt das interne Kommunikationskonzept – meist nach einigen Korrekturen – grünes Licht.

„Quick & Dirty" funktioniert nur bei unkomplizierten Projekten. Bei wichtigen Projekten mit komplexen Konzepten muss mehr Dokumentations- und Präsentationsaufwand betrieben werden. Die interne Kommunikationsmanagerin stellt fest, dass ein ausgefeiltes schriftliches Konzept erforderlich ist. Auch wer nicht bei der Konzepterstellung dabei war, soll das Dokument lesen und die Inhalte verstehen. Wird das Konzept zu dem Zweck in einer Textverarbeitung wie MS Word ausgearbeitet? Nein, in der Regel nicht! Die große Mehrheit der Kommunikationskonzepte entsteht heute nicht mehr als Textdokument, denn lange Textdokumente liest kaum jemand. Die Beteiligten blättern, überfliegen und bekommen nur die Hälfte mit. Aus dem Grund entstehen Konzeptdokumente heutzutage meist in einem Präsentationsprogramm wie Keynote oder PowerPoint. Kurz und knackig formuliert, sind sie von den Beteiligten in drei bis fünf Minuten locker zu erfassen und zu verdauen. Die Kommunikationsmanagerin erstellt eine Präsentation nur zum Lesen mit ganzen Sätzen, Schaubildern, Diagrammen und Fotos. Alles, was für das Konzept Bedeutung hat, ist darin enthalten und lässt sich zügig erfassen. Das fertige Dokument wird als PDF abgespeichert und an alle Betroffenen per Mail oder Team-App weitergeleitet oder im gemeinsamen Workspace abgelegt.

Das Konzept soll zusätzlich mündlich präsentiert werden? Dann wirft man keinesfalls die Lesepräsentation an die Wand! Eine spezielle Präsentationsversion entsteht. Dazu werden die Inhalte radikal reduziert. Die Texte sind nur kurze Schlagzeilen mit wenigen Worten, durch Spiegelstriche strukturiert und mit aussagekräftigen Bildern illustriert. In der Präsentation dienen die Charts lediglich der Unterstützung des Vortragenden. Es ist sicherzustellen, dass die Zuhörer nicht lange Folien lesen, sondern dem tollen Vortrag folgen.

Eigentlich ist Foliengestaltung keine Kunst. Die an der Ausarbeitung der Präsentation Beteiligten müssen nur wenige einfache Regeln beachten:

→ **Folien ohne Formalia** – Vielleicht zwingt die Masterfolie des Unternehmens die Formalien auf. Falls nicht, sollte man in der mündlichen Präsentation darauf verzichten. Angaben wie Datum, verantwortliche Abteilung, Name des Konzepts, Name des Bearbeiters, Versionsnummer haben auf einer Folie nichts zu suchen. Weg mit der formalistischen Kontamination von Folien der mündlichen Präsentation!

→ **Folien ohne Prosa** – Ausformulierte Texte und komplette Sätze auf Folien sind tabu. Der Folientext besteht aus markanten Schlagworten, die für die Zuschauer im Raum schnell zu erfassen sind.

→ **Folien ohne Überfluss** – Präsentationsfolien dürfen nicht mit Bild- und Text-Informationen zugepackt werden. Eine gute Folie beherrscht die Kunst der Reduktion und wirkt souverän. Leerraum ist ein wichtiges Gestaltungselement.

→ **Folien ohne Zierrat** – Starke, aussagekräftige Bilder helfen der Präsentation. Andererseits haben generische, bunte Zierfotos und klischeehafte Cliparts den gegenteiligen Effekt und in einer Konzeptpräsentation nichts zu suchen.

→ **Folien ohne Mixtur** – Folien werden einheitlich in Schrift, Farbe und Form gestaltet. Alles aus einem Guss! Wer die Gestaltung bunt mischt, gefährdet die klare inhaltliche Linie der Präsentation.

Die mündliche Präsentation ist die Stunde der Wahrheit. Denn im Regelfall entscheidet nicht die schriftliche Dokumentation, sondern die persönliche Präsentation über die Akzeptanz eines Projektkonzepts. Das Kommunikationskonzept muss überzeugend vermittelt werden. Ansonsten kann es passieren, dass die anstrengende Workshop-Arbeit umsonst war, weil der Auftraggeber das Konzept nicht richtig versteht und ablehnt. Da das interne Konzept im Team entwickelt wurde, sollten alle wichtigen Teammitglieder bei der Präsentation anwesend sein und auch mitpräsentieren. Allerdings darf niemandem, der nicht präsentieren kann oder will, die Präsentation aufgezwungen werden. Es kommt dabei nicht auf perfekte Präsentations-Performance an: Die Beteiligten müssen nicht mit ausgebufften rhetorischen Tricks, mit versierter Gestik oder überzeugendem Mienenspiel auftreten. Speziell bei internen Terminen im Haus wirkt das überzogen. Es reicht aus, wenn der Präsentationsvortrag authentisch wirkt. Jeder präsentiert ehrlich – auch kleine Schwächen sind erlaubt. Lediglich an großen Handicaps arbeitet das Team. Wer während der Präsentation den Zuschauern fast durchgehend den Rücken zukehrt, weil er die Folienprojektion als Stichwortgeber braucht, der sollte diesen Fauxpas beseitigen. Wer bei jedem dritten Satz ein „Genau!" in die Wortfolge einflicht, muss das ändern. Die Plattform, um solche Fehler zu erkennen, ist eine Probepräsentation. Vor dem Ernstfall trifft sich das Projektteam zu einer Generalprobe und übt.

Immer häufiger begegnet uns in der letzten Zeit die Online-Präsentation. Zuhörende und Vortragende befinden sich nicht alle an einem Ort in einem Raum. Sie erleben die Präsentation an verschiedenen Standorten. Über ein Konferenzsystem wie Zoom, Teams oder Hangouts sind die Präsentationsfolien der jeweils vortragenden Person und gleichzeitig die Video-Fenster aller Teilnehmenden auf einem Screen zu sehen. Bei Projektpräsentationen von Unternehmen mit mehreren Standorten stellt diese Art der Präsentation eine echte Erleichterung dar. Da die Apps und Tools noch nicht zu 100% ausgereift sind, muss man hier stets mit Überraschungen rechnen. Plötzlich ist der Ton nicht mehr zu hören oder das Videobild des Vortragenden friert überraschend ein. Der Präsentationsvortrag bleibt stecken und verliert an Wirkung. Darum sollte sich das Projektteam unbedingt vorher mit Software und Hardware auseinandersetzen, bevor der Ernstfall der Präsentation ansteht.

Ein verbreiteter Irrtum lautet, dass die Online-Präsentation im Wesentlichen genauso angegangen werden kann wie die klassische Face-to-Face-Präsentation. Keinesfalls! Für die Online-Variante sind spezielle Vorbereitungen zu treffen:

→ Die klassische Webcam und das Mikro am Notebook reichen für eine professionelle Online-Präsentation nicht aus. Eine spezielle Cam und ein gutes Mikrofon sind ratsam.

→ Die vortragende Person wird von der Kamera immer auf Augenhöhe ins Bild genommen, nie von unten aus der Notebook-Perspektive. Eventuell macht es Sinn, zusätzliches Licht aufzustellen, um sie prägnant im Bild zu haben. LED-Ringlichter kosten nicht viel und leisten gute Dienste. Die vortragende Person muss bei der Präsentation groß im Bild sein. Sie hat die Hauptrolle. Wir erleben Präsentationen, wo sie im Off bleibt und nur die Folien groß zu sehen sind. Dadurch verliert der Vortrag an Überzeugungskraft. Bei der Zoom-App gibt es z. B. den Side-by-Side-Modus, der sicherstellt, dass der Videostream der redenden Person immer groß im Bild bleibt.

→ Bei der Präsentation sind ein stabiles Internet und ein ausreichender Datendurchsatz sicherzustellen. Es wirkt nicht überzeugend, wenn Bild und Ton der Übertragung ständig hakeln oder hängen bleiben.

→ Die Zuschauenden von Online-Präsentationen sind weniger konzentriert und leichter abgelenkt. Deshalb muss die Präsentation einfacher, plakativer und ansprechender aufgebaut sein.

→ Profis verwenden in Online-Präsentationen mehr Folien, und auf den Folien sind viel weniger Informationen als bei einer klassischen Präsentation. Auch wird häufiger mit Bildern gearbeitet, und Aufzählungen bauen sich schrittweise per Klick auf.

→ Bei der Text-Gestaltung der Folien beachtet das Team die 7 x 7-Regel: auf keinen Fall Aufzählungen mit mehr als 7 Spiegelstrichen (absolute Obergrenze) auf einer Folie. Und pro Spiegelstrich stehen nicht mehr als 7 Worte.

→ Für das Projektteam stellt sich natürlich die Frage, ob eine Gruppenpräsentation online ohne Qualitätsverlust möglich ist. Wir empfehlen sogar eine Gruppenpräsentation! Sie braucht online allerdings eine längere Vorbereitungszeit und eine gründliche Probepräsentation.

→ An die meisten Präsentationen schließt sich ein Dialog an. Das Team beantwortet Fragen zum Projekt. Bei einer Face-to-Face-Präsentation kann man sich per Blickkontakt und Geste abstimmen, wer die Antwort übernimmt. Bei der Online-Präsentation wird es notwendig, dass sich das Team vorher genau abstimmt, wer welchen Fragenkomplex übernimmt.

Wer besonders professionell auftreten will, der nutzt für die Präsentation einen Greenscreen (eine grüne Kulisse im Hintergrund) und eine Virtual-Cam (eine spezielle Software wie z. B. Manycam oder OBS). In der Kombination wird es möglich, dass die präsentierende Person seitlich direkt vor den Folien steht - wie ein Nachrichtensprecher im TV-Studio.

Meist wird im Anschluss an den mündlichen Vortrag die Lesepräsentation an alle Anwesenden verteilt. Bisweilen gibt es aber auch eine schriftliche Ausarbeitung des Konzepts. Das in einer Textverarbeitung ausformulierte Konzept hat also nicht völlig ausgedient. Die ausformulierte Textversion kann in einer kurzen und einer langen Version entstehen.

Die kurze Textversion wird auch „Management Summary" genannt. Im Durchschnitt ist das Summary ein bis zwei Seiten lang. Es konzentriert das Konzept auf die wesentlichen Faktoren und gibt den Lesenden einen hochverdichteten Überblick. In der Praxis der internen Kommunikationsprojekte wird das Management Summary vor allem zur Information von Führungskräften eingesetzt. Zudem ermöglicht das Summary Personen, die nur entfernt beteiligt sind, einen blitzschnellen Überblick. Oder die interne Kommunikationsmanagerin will damit einzelne Abteilungen ins Bild setzen, aber verhindern, dass sie sich an Details festbeißen.

In seltenen Fällen wird eine „Long Version" des Konzepttextes benötigt, in der über viele Seiten alle Einzelheiten des zukünftigen Kommunikationskurses ausformuliert werden. Wir kennen Unternehmen, die an mehreren Standorten jeweils interne Kommunikationsverantwortliche im Einsatz haben und das schriftlich ausformulierte Konzept als Gebrauchsanweisung für ihre Kommunikationsarbeit vor Ort brauchen. Zudem gibt es immer noch einige Oldschool-Chefetagen, die ein ausführliches Konzeptdokument bevorzugen, damit eine Aktenlage geschaffen wird, die dokumentiert und überprüfbar ist. Aber das sind Ausnahmen geworden. In allen anderen Fällen gilt: das Konzept so schlank wie möglich dokumentieren.

#5 DAS PROJEKT PLANEN UND STEUERN

Planung, Steuerung und Abschluss im Überblick

Das Projektteam hat die Konzeptionsphase beendet. Das Konzept als Orientierungsrahmen für die interne Kommunikationsarbeit ist fertiggestellt und vom Auftraggeber genehmigt. Im nächsten Schritt beginnt die Projektplanung. Aus der grundlegenden Umsetzungsskizze des Konzepts entwickelt das Team den detaillierten Plan für alle Aktivitäten.

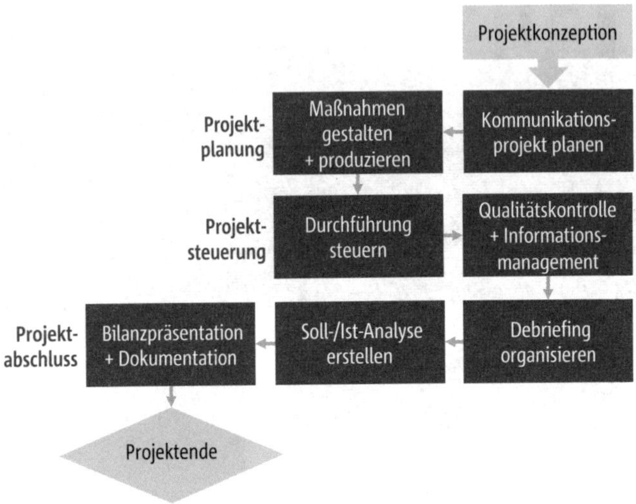

Abbildung 40: Der Ablauf von Planung, Steuerung und Abschluss

Die interne Kommunikationsmanagerin plant entschlossen und zielgerichtet. Sobald es die Situation erfordert, reagiert sie auf der Stelle und nimmt notwendige Änderungen im Projektplan vor.

Die Projektplanung sollte so flexibel wie nötig und so bestimmt wie möglich erfolgen. Die Erfahrungswerte der internen Kommunikation im Unternehmen zusammen mit dem vorliegenden Kommunikationskonzept geben Sicherheit: Die interne Kommunikationsmanagerin plant entschlossen und zielgerichtet.

An die Planung schließen sich Gestaltung und Produktion an. Alle Kommunikationsmaßnahmen müssen ausgearbeitet und hergestellt werden. Bei einigen Maßnahmen ist das schnell getan, teilweise erfordert es einen immensen Aufwand.

Sobald die Mittel und Maßnahmen parat stehen, startet die Projektsteuerung mit der Kommunikation. Die Aktivitäten werden nach Plan durchgeführt. Aber nicht immer läuft alles planmäßig. Deshalb hält das Projektteam die Antennen ausgefahren, beobachtet das Geschehen und greift lenkend ein, sobald einzelne Kommunikationsaktivitäten aus dem Ruder laufen. Dabei muss es sich nicht nur um Probleme handeln: Das Team wird auch aktiv, wenn sich überraschend Chancen auftun, und tut alles, um sie zu nutzen. Die Steuerung stellt sich flexibel auf die Realitäten ein. In dieser Phase muss zudem die Qualität der Kommunikation ständig geprüft und der Informationsfluss der Kommunikationsbeteiligten sichergestellt werden.

Nach Abschluss der Kommunikationsaktivitäten werden die Projektunterlagen nicht einfach archiviert: Zu jedem Projekt gehört ein Epilog. Die Beteiligten treffen sich zum Debriefing, um Projekterfolge und -probleme zu beleuchten und daraus Schlüsse zu ziehen. Außerdem steckt in jedem Projekt ein enormer Erfahrungswert. Um diesen Wert zukünftig weiter nutzen zu können, wird er dokumentiert und das Dokument allen relevanten Akteuren im Unternehmen zur Verfügung gestellt.

Die Konzeption geht weiter

Die eigentliche Konzeptionsphase ist beendet – aber das Kommunikationskonzept entwickelt sich dennoch weiter. Konzeption ist ein permanenter Prozess, der erst nach Projektende zum Stehen kommt. Unterwegs auf der Strecke gibt es ständig Veränderungen und Anpassungen. Fehler werden erkannt und ausgebügelt, sich auftuende Chancen genutzt, um die Schlagkraft der internen Kommunikation im laufenden Betrieb weiter zu steigern.

Viele Unternehmen haben mit dieser Flexibilität ein Problem. Bei ihnen wird das Kommunikationskonzept von der Führungsebene verabschiedet – und ist damit „in Stein gemeißelt". Spätere Änderungen bedürfen erheblicher Klimmzüge und werden nicht gern angegangen, denn dies könnte von der Führung als ein Fehlereingeständnis und Versagen gewertet werden. In der bewegten Kommunikationswelt muss es aber schnell gehen. Deswegen wird dem Auftraggeber schon zu Beginn des Projekts vermittelt, dass Flexibilität zur Konstruktion eines schlagkräftigen Konzepts gehört. Ohne sie droht es in Planung und Durchführung an den harten Realitäten zu zerbrechen. Der Auftraggeber erklärt sich bereit, dem Projektteam die nötige Steuerungskompetenz für flexible Planung und Umsetzung zuzugestehen. Kleine und mittlere Kursanpassungen im Konzept kann das Team komplett in Eigenregie vornehmen, große Kursänderungen bedürfen der Rücksprache.

Wann sind Anpassungen und Änderungen im internen Kommunikationskonzept notwendig? Zwar stimmt das Konzept zum Zeitpunkt der Fertigstellung, aber in den Tagen und Wochen darauf dürften sich einige wichtige Faktoren ändern. Um den konzeptionellen Kurs auf der Höhe der Zeit zu halten, reagiert das Projektteam zügig, sobald sich die Situation wandelt:

→ **Interne Faktoren ändern sich** – Der Projektgegenstand und seine direkten internen Einflussgrößen sind in Bewegung, dadurch verändert sich die Faktorenzusammensetzung der Statusanalyse. Das Controlling hat beispielsweise zwischenzeitlich die „günstigen Preise" für die eigenen Weiterbildungsangebote überprüft und festgestellt, dass die Seminarbeiträge zum Jahresende deutlich erhöht werden müssen. Oder aufgrund eines Unwetters sind umfangreiche Renovierungsarbeiten notwendig geworden und die „topmoderne Hauptverwaltung" macht auf längere Zeit keinen guten Eindruck.

→ **Externe Faktoren ändern sich** – Auch die Lage im Umfeld entwickelt sich weiter. Die externen Festlegungen aus der Statusanalyse sind nicht mehr aktuell. So hat zum Beispiel ein neu verabschiedetes Datenschutzgesetz Auswirkungen auf die geplante Ansprache der Mitarbeitenden. Oder durch die aktuelle öffentliche Diskussion gewinnt das Thema „Zero Waste" überraschend an Bedeutung und verändert die Voraussetzungen für ein internes Kommunikationsprojekt zu gesundem Kantinenessen.

Die zweite Ursache sind nicht Veränderungen, sondern eigene Fehler. Dem Projektteam sind im Kommunikationskonzept Flüchtigkeitsfehler unterlaufen oder es hat Chancen übersehen, die im Rahmen von Planung und Durchführung plötzlich deutlich werden:

→ **Fehler und Lücken im Konzept werden erkannt** – Kein Konzept ist perfekt, irgendwo tun sich im Verlauf der Umsetzung immer Schwachpunkte auf. Kleine Fehler lassen sich unbürokratisch und schnell beheben. Größere Fehler führen dazu, dass das Konzept neu ausgerichtet werden muss, um die Statik zu sichern.

→ **Chancen werden erkannt** – Das Team hat im Konzept sauber gearbeitet, aber dennoch im Eifer des Gefechts eine Chance übersehen. Diese bietet eine positive Dynamik und kann die Kommunikation beschleunigen. In der Situation gibt es nur eines: Das Konzept wird sofort weiterentwickelt, um die Chance zu nutzen.

Um adäquat reagieren zu können, bleibt das Kommunikationskonzept während der Durchführung stets auf dem Tisch und in den Köpfen der Beteiligten. Sie planen und handeln in seinem Sinne. Durch permanentes Monitoring und regelmäßige Reports werden wichtige Indikatoren frühzeitig erkannt. Das Projektteam bewertet sie, stellt Handlungsbedarf fest und reagiert. In der Folge entwickelt sich das Konzept ständig weiter. Es ist nicht ungewöhnlich, sondern der normale konzeptionelle Gang, wenn in den anschließenden Projektstufen die Konzeptversionen 1.5, 1.7, 2.0 und 2.5 entstehen.

Die Unsicherheit durch die ständigen Änderungen führt bisweilen auch zum gegenteiligen Effekt. Statt es geduldig weiterzuentwickeln, schieben die Beteiligten das Konzept zur Seite und fangen an, auf die weitere Entwicklung taktisch zu reagieren. Die Konzeptkoordinaten sind vergessen, die Macht des Faktischen übernimmt die Regie. Kaum taucht ein Indikator auf, kommt es zur nächsten Kursänderung. Das darf nicht passieren! Das Team bleibt dem Konzept verpflichtet. Es stellt sich dahinter und schützt den vorgegebenen konzeptionellen Kurs. Vor allem bei Korrekturen im strategischen Bereich ist Vorsicht geboten. Änderungen werden hier nur vorgenommen, wenn es nicht anders geht.

Die Projektplanung

Kommunikationsprojekt planen

Nachdem die Konzeption die große Linie vorgegeben hat, geht es ab sofort um die planerischen Details. Dabei wird möglicherweise das Team umgestellt, um eine sachkundige und effiziente Durchführung der Planungsarbeiten zu gewährleisten. So verlässt beispielsweise die strategische Expertin, die während der konzeptionellen Arbeit beraten hat, das Team. Auch die Assistentin der Geschäftsleitung, die nur an der großen Linie mitwirken sollte, steigt aus, dafür kommt der Eventmanager der Firma neu ins Team. Er hat mit strategischer Konzeption nicht viel im Sinn. Da aber im Konzept interne Events eine tragende Rolle spielen, ist sein Einstieg in der Planungsphase notwendig. So oder ähnlich könnten die Umstellungen aussehen. Danach sind alle bereit für die Planungsarbeit. Die Teammitglieder verteilen die Planungsaufgaben, sie treffen sich regelmäßig zu Projektmeetings, entwickeln die erforderlichen Pläne und informieren den Auftraggeber in Reviews.

In der klassischen Projektplanung kann es jetzt kompliziert werden. Umfassende Projektpläne, Meilensteine und kritische Pfade, Statusberichte, Gantt-Diagramme – man blickt kaum durch. Wenn die interne Kommunikation die klassische Variante der Projektplanung nutzt, gestaltet sie diese vergleichsweise übersichtlich und für alle Beteiligten schnell erfassbar. Funktionierende Kommunikation ist wichtiger als umfassende Dokumentation. Der Planungsprozess wird so angelegt, dass das Projektteam genügend Spielräume behält, um sich aktuellen Entwicklungen anzupassen. Zum Beispiel merkt das Team mit zunehmender Planungsdauer, dass die Zahl der Maßnahmen in der vorgegebenen Zeit nicht zu schaffen ist. Dann können – in Absprache mit der Kommunikationsmanagerin – einzelne Maßnahmen, die eher zur Kür gehören, gestrichen werden. Alternativ wäre es möglich, Maßnahmen abzuspecken. Vieles ist machbar, nur eines darf nicht passieren: Die Planung zerschlägt das konzeptionelle Raster, und es bleiben nur einzelne Maßnahmen übrig.

Am Anfang der klassischen Planungsarbeit steht ein **Projektstrukturplan**, der im Rahmen eines Projektmeetings erarbeitet wird. Seine Funktion ist es, Ordnung in die Planung zu bringen. Bei der Arbeit am Strukturplan nimmt das Team den operativen Teil des Kommunikationskonzepts zur Hand, denn aus ihm wird die Struktur abgeleitet. Die Mitglieder unterteilen alle Maßnahmen des Konzepts in Teilaufgaben. Aus jeder Teilaufgabe entstehen mehrere Arbeitspakete, die einzelnen Personen oder Gruppen zugeordnet werden, welche in der Regel zum Team gehören. Im Einzelfall können sie aus anderen Bereichen des Unternehmens oder sogar von außen dazu geholt werden.

Abbildung 41: Der Projektstrukturplan

Im Strukturschaubild sind alle Teilaufgaben und Arbeitspakete der Projektplanung vollständig erfasst. Bei der Erfassung empfiehlt sich der deduktive Ansatz. Das Team plant von oben nach unten und der Plan wird nach unten immer kleinteiliger. Man stelle sich vor, das Kommunikationsprojekt hat das Ziel, die neuen E-Bikes für die Mitarbeitenden auszuloben. Dann lautet eine Teilaufgabe „Information über das Intranet“. Diese Teilaufgabe untergliedert sich wiederum in das Arbeitspaket „Entwicklung einer speziellen Themenseite“, in das Arbeitspaket „Banner auf der Einstiegsseite“ und das Paket „E-Bike-Storys für die Newsrubrik des Intranets“.

Es wird so lange in einzelne Arbeitspakete untergliedert, bis alle Maßnahmen des Konzepts vollständig erfasst und alle anfallenden Arbeitsaufgaben den Beteiligten zugeordnet wurden. Bei diesem Vorgang hat die Kommunikationsmanagerin immer im Blick, dass jedem Paket konkrete Personen zugeordnet werden können, die die Arbeit später übernehmen. Die großen Teilaufgaben bilden die Grundstruktur des Plans. Sie können prinzipiell nach drei Kriterien strukturiert werden:

→ **Maßnahmenstruktur** – Was wird geplant? Die Gliederung orientiert sich an den konzipierten Kommunikationsmaßnahmen, z. B. Startevent, Intranet-Information, Flyer und CEO-Video. Diese Struktur ist die gängigste im Planungsalltag.

→ **Phasenstruktur** – In welcher zeitlichen Reihenfolge wird geplant? Die Unterteilung geht von Zeitphasen der Kommunikation aus: z. B. Vorbereitung, Start, Etablierung, Auffrischung. Die Struktur ist nur bei Projekten praktikabel, bei denen der Faktor Zeit eine prägende Funktion für die Kommunikation hat, z. B. bei Kampagnen.

→ **Funktionsstruktur** – Wer kommt zum Einsatz? Gegliedert wird nach den anfallenden Tätigkeiten bzw. nach den für die Durchführung notwendigen Akteuren: Pressereferat, Personalmanagement, Eventabteilung, Marketingabteilung. Die Struktur empfiehlt sich in Projekten, bei denen verschiedene Fachbereiche beteiligt sind. Die richtige Einteilung der fachlichen Kompetenzen ist wichtig für die Funktionstüchtigkeit des laufenden Projekts.

Die Struktur muss keine Reinform sein. Im begründeten Einzelfall ist es möglich, die Gliederung im Projektstrukturplan zu mischen. Bei der Mischung ist darauf zu achten, dass alle Teilaufgaben einheitlich die gleiche Struktur haben. Erst darunter auf der Ebene der Arbeitspakete darf die Struktur bei Bedarf gewechselt werden – wobei alle Pakete einer Aufgabe jeweils die gleiche Struktur bekommen müssen.

Der Projektstrukturplan entsteht am Anfang des Planungsprozesses. Er ist eine Art Pflichtenliste und bildet die Basis, aus der sich alle weiteren Pläne und Listen entwickeln. Je nach den aktuellen Entwicklungen kann der Strukturplan im weiteren Prozess anpasst werden. Teilaufgaben und Arbeitspakete fallen weg, kommen hinzu oder ändern sich. Verbunden damit ist aber auch die Verpflichtung zur permanenten Aktualisierung. Ein Plan, der nicht auf der Höhe der Zeit ist, behindert am Ende und wird von den Beteiligten nicht mehr beachtet. In Zeiten der digitalen Dokumente ist das permanente Aktualisieren kein Problem mehr. Auch lassen sich alle älteren Versionen per Klick anschauen und die Entwicklung jederzeit nachvollziehen.

Digitale Bibliothek: Projektstruktur- und Ablaufplan

Im Rahmen unserer Kommunikationsaktion vergeben wir 21 Projektteilaufgaben. Die meisten Aufgaben werden vom Projektteam abgearbeitet. Bei der Entwicklung von Key Visual, Erklärclip und Podcast beziehen wir externe Dienstleister ein. Die Arbeit am Wissensvideo liegt hauptsächlich in der Verantwortung unseres Partnerverlags.

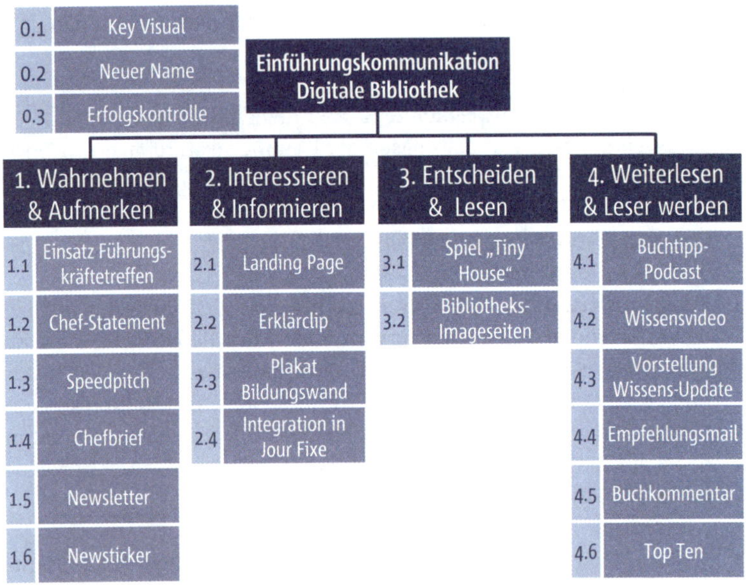

Die Struktur orientiert sich an den vier Phasen der Mitarbeiterreise. Der Strukturplan wurde bereits mit dem Weiterbildungsbeauftragten abgestimmt und ist Grundlage für die weitere Planung.

Als Nächstes folgt der **Projektablaufplan**. Das ist ein Zeitplan, der die Planung, Gestaltung, Produktion, Einsatzsteuerung und Abschlusskontrolle zeitlich einordnet. Projektablaufpläne sind im Regelfall Balkendiagramme, die bei aufwendigen Projekten in der klassischen Planung eine enorme Größe und einen hohen Detailierungsgrad aufweisen. Bei internen Kommunikationsprojekten passt der Ablaufplan für kleine und mittlere Projekte auf ein DIN-A4-Blatt, für große Projekte auf ein DIN-A3 Blatt im Querformat. Auf Übersichtlichkeit ist großen Wert zu legen.

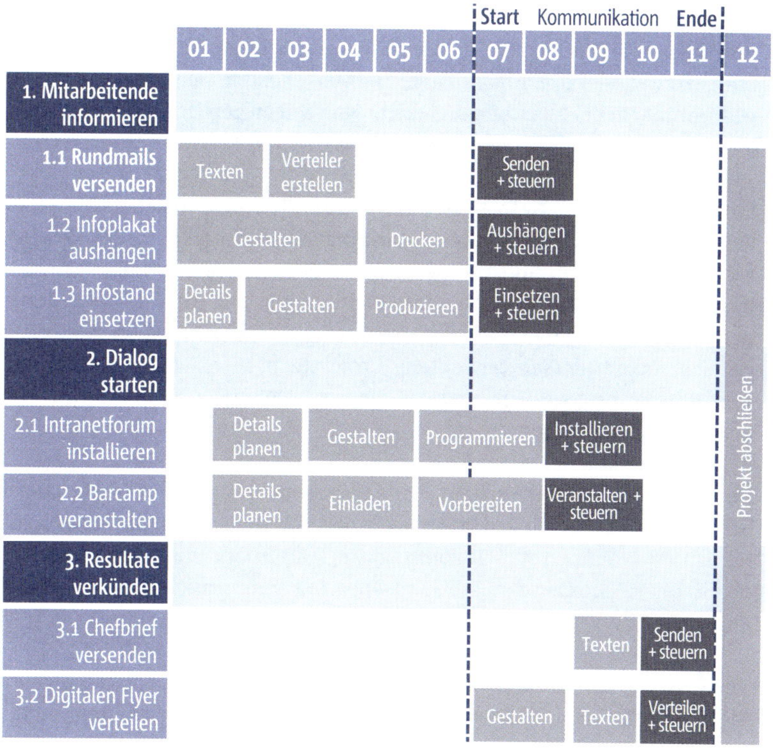

Abbildung 42: Der Projektablaufplan

Alle Teilaufgaben und Arbeitspakete des Strukturplans tauchen im Ablaufplan wieder auf und werden nun zeitlich eingeordnet. Jeder Balken bildet die Periode ab, in der am Arbeitspaket gearbeitet wird. Beginn und Ende sind zeitlich fixiert. Das Team arbeitet nicht mit taggenauen Terminen, sondern mit Kalenderwochen, also zum Beispiel: Beginn eines Arbeitspakets in der 23. KW und Ende in der 25. KW. Bei der Dauer der Arbeitspakete handelt es sich um Schätzungen, die im Verlauf der weiteren Projektplanung konkretisiert werden. Die zur Verfügung stehenden Zeiträume für einzelne Arbeitsaufgaben des Projekts können angemessen verlängert, bei Bedarf aber durchaus auch mal gekürzt werden.

Der große Arbeitsschwerpunkt des Ablaufplans liegt in der Planungs-, Gestaltungs- und Produktionsphase. Hier laufen die meisten Arbeitspakete in dichter Folge, und alle Beteiligten sind voll beschäftigt. In der Steuerungsphase muss hauptsächlich beobachtet und korrigiert werden. Zum Abschluss werden die Ergebnisse gesichtet und Bilanz gezogen.

Befinden sich in einem Ablaufplan einzelne Schwerpunktmaßnahmen mit hoher Komplexität, die aus zahlreichen Arbeitspaketen bestehen, macht es Sinn, in zwei oder drei Ablaufpläne zu unterscheiden. Der erste Plan gibt die Gesamtübersicht, der zweite und dritte Plan zeigen gezielt die Arbeitsabläufe an den aufwändigen Maßnahmen transparent auf.

Ein guter Strukturablaufplan ist ein robuster Plan. Er wird keinesfalls knapp auf Kante geplant und terminlich bis aufs Letzte ausgeknautscht. Der Plan rechnet mit Pannen und Verzögerungen, die es in jedem Projekt gibt, und baut dafür genügend Reserven und Sicherheiten ein. Allerdings werden in der agilen Planung nicht jede Reserve und jede kritische Stelle detailliert eingezeichnet. Stattdessen versieht das Projektteam die Balken aller Arbeitspakete mit der nötigen Luft, und der für das jeweilige Paket Verantwortliche bestätigt die Machbarkeit.

Den fertigen Ablaufplan schaut sich das Projektteam genauer an. Ist das zeitlich zu schaffen? Wo liegen kritische Punkte? Wo ballen sich die Arbeitspakete? Mit Blick auf den Ablauf kommen im Team möglicherweise Zweifel auf, ob die Zeit reicht. Diese müssen angesprochen, offen diskutiert und der Plan angemessen entschärft werden.

Genauso wie der Strukturplan, so wird auch der Projektablaufplan regelmäßig aktualisiert. Kein Plan wird so realisiert, wie das Team ihn ursprünglich ausgearbeitet hat: Die Verhältnisse sind in Bewegung. Deshalb überprüft es ständig den Stand der Dinge und reagiert auf eventuelle Abweichungen. Projektstrukturplan und Ablaufplan werden sofort angepasst, wenn Änderungsbedarf erkannt wird, so dass die Pläne zu jedem Zeitpunkt verlässlich aktuell sind. Die Anpassungen erfolgen in den Projektmeetings oder Reviews. Alle im Projektteam haben den Planungsstand im Blick, und entscheiden mit und tragen die Entscheidung mit.

Digitale Bibliothek: Projektablaufplan

Unser Ablaufplan konzentriert sich auf die Arbeitspakete in der Planungs-, Gestaltungs- und Produktionsphase. Alle Pakete werden jeweils in die notwendigen großen Arbeitsschritte unterteilt. Jeder Schritt ist grob terminiert und mit den internen und externen Ausführenden abgestimmt. Wir haben genügend Puffer vorgesehen, so dass der Kommunikationsstart Anfang Juni sicher zu halten ist.

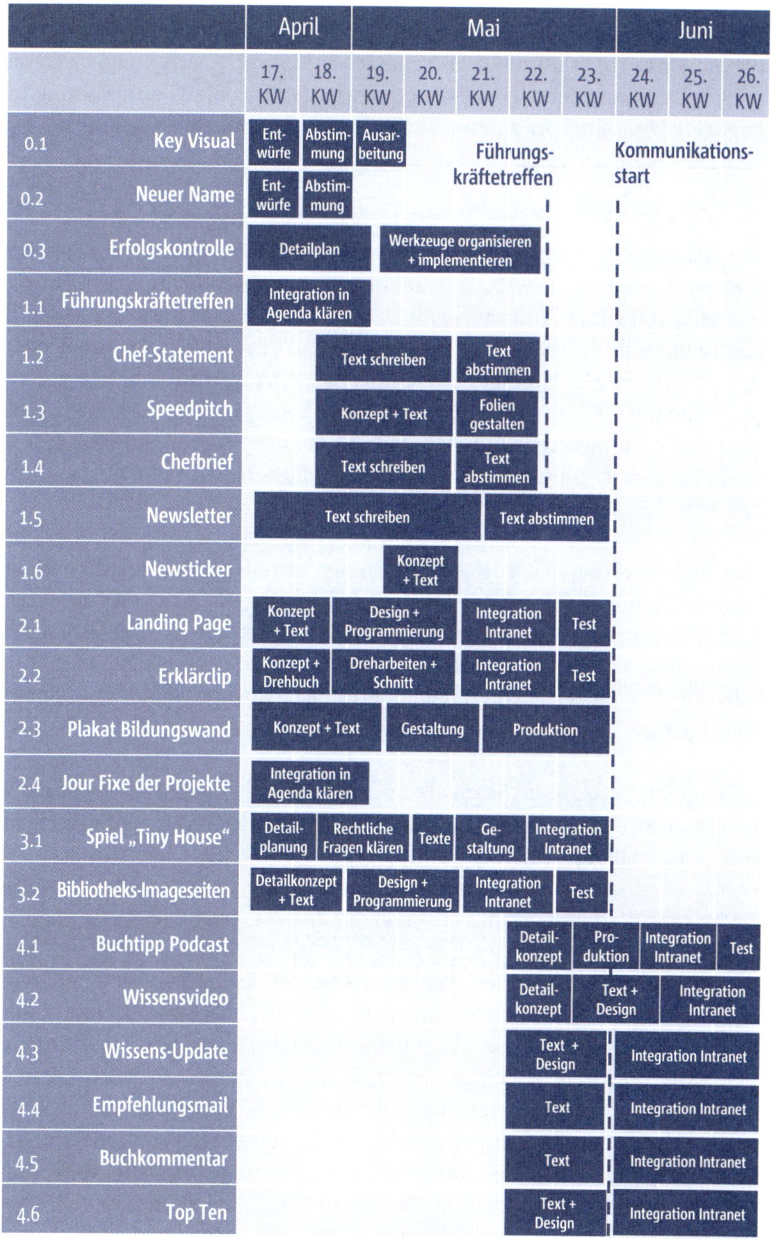

Es muss schnell gehen, die zeitlichen Abläufe sind eng und erfordern zügiges Handeln. Wir haben im Zeitdiagramm alle Arbeitspakete bis Ende Juni erfasst. Die verbleibenden Pakete ab Juli werden erst Ende Mai getaktet, denn wir wollen aus den Erfahrungen der ersten Wochen lernen und Optimierungen vornehmen.

Zeitlich kritisch sind der Erklärclip und der Podcast. Mit beiden Instrumenten haben wir keine Erfahrung und verlassen uns auf die Betreuung durch die entsprechenden Dienstleister. Sie gewährleisten uns eine Fertigstellung im angegebenen Zeitraum, sofern es keine außergewöhnlichen Ereignisse gibt.

Die klassische Projektarbeit mit Projektstrukturplan und Ablaufplan ist immer dann empfehlenswert, sobald ein komplexes Maßnahmensystem mit vielen terminlichen Vorgaben präzise Planungs-, Gestaltungs- und Produktionsabläufe erfordert. Als Alternative kann das Team die Projektarbeit auch agil planen. Im Mittelpunkt der Planung steht in diesem Fall das Taskboard (auch „Kanban-Board" oder „Scrum-Board" genannt). Das Taskboard reduziert den Planungsaufwand auf ein Minimum und gibt den Teammitgliedern mehr Freiheit in den Arbeitsabläufen. Bei einfachen Projekten und motivierten Teams ist das Board das Planungswerkzeug der Wahl.

Das Taskboard bietet visuelle Hilfe bei der Verteilung und Erledigung der anstehenden Projektjobs. Der Arbeitsstand des Projekts wird auf dem Board übersichtlich und aktuell erfasst. Wichtig ist die ständige Aktualisierung: Ein Board, das nicht gepflegt wird, behindert das Team eher, als das es fördert. Alle Teammitglieder haben ungehindert Zugriff auf das Board und können sich jederzeit über den aktuellen Stand informieren.

Zum Einstieg erfasst das Team alle anstehenden Jobs innerhalb des Projekts. Jeder Job bekommt ein eigenes Jobticket (auch „Task-Card" genannt), das an das Board gehängt wird. Zum Beispiel sind verschiedene Gestaltungsaufgaben zu erledigen, Texte zu formulieren und ein Barcamp vorzubereiten. Das Board kann an der üblichen Pinnwand mit Post-its abgebildet werden.

Wer es bequemer haben will, bestellt über einschlägige Spezialanbieter vorgefertigte Taskboards und entsprechenden Blanko-Tickets. Alternativ gibt es kostenlose Online-Apps mit virtuellen Taskboards – wie Kanboard, Restyaboard oder Wekan. Komplexe Projektmanagement-Tools wie Basecamp, Trello oder Asana beinhalten ebenfalls Taskboards. Vorteil der digitalen Versionen ist der Zugriff über jedes Notebook, Tablet und Smartphone und das schnelle, problemlose Handling. Im Gegensatz zu physischen Taskboards wird bei der digitalen Variante alles protokolliert und kann nachvollzogen werden. Wer, wann, welche Karte wohin verschoben, gelöscht oder ergänzt hat, ist jederzeit lückenlos nachlesbar. Falls es zu Problemen kommt, schaffen die Protokolle Klarheit und ersparen lange Diskussionen oder unnötige Schuldzuweisungen.

TO-DO	IN ARBEIT	PRÜFEN/FREIGABE	ERLEDIGT
Rundmail versenden Metin | 27 KW	Infoplakat Druck Lukas | 25 KW	Rundmail Verteiler Freya | 16 KW	Rundmail texten Charlotte | 9 KW
Infoplakat Aushang Lukas | 27 KW	Infostand produzieren Isa/Bert | 25 KW	Infoplakat gestalten Lukas | 16 KW	Infostand Detailplan Isa/Bert | 7 KW
Infostand aufstellen Isa/Bert | 27 KW	Forum gestalten Nadine | 17 KW	Infostand gestalten Isa/Bert | 16 KW	Forum Detailplan Nadine | 11 KW
Forum installieren Metin | 35 KW	Forum programmieren Metin | 26 KW		Barcamp Detailplan Alle | 11 KW
Barcamp durchführen alle | 35 KW	Barcamp einladen Sarah | 17 KW		
Chefbrief texten Charlotte | 43 KW	Barcamp vorbereiten Sarah | 30 KW		
Chefbrief versenden Metin | 44 KW	Flyer gestalten Lukas | 30 KW		
Flyer texten Charlotte | 39 KW			
Flyer versenden Metin | 44 KW			

Abbildung 43: Das Taskboard zum Arbeitsstand

Draußen in der Projektpraxis werden Taskboards je nach angewandter Methode und Auffassung des Projektleiters unterschiedlich aufgebaut. Die Unterschiede beziehen sich auf Details, die grundlegenden vier Spalten sind (mit variierenden Bezeichnungen) auf allen Boards zu finden:

→ **To-do** – Am Projektanfang stehen alle Projektjobs auf der linken Seite des Boards. Die „To-do"-Spalte signalisiert, dass hier ein Job wartet, in Angriff genommen zu werden. Auf manchen Taskboards wird diese Spalte auch als „Backlog" bezeichnet. Die Spalte kann zusätzlich nach Priorität der Jobs geordnet werden. Je weiter oben eine Aufgabe steht, desto dringender ist sie.

→ **In Arbeit** – Beginnt das verantwortliche Teammitglied mit der Arbeit an einem Job, dann nimmt es das entsprechende Job-Ticket aus der „To-do-Spalte" und hängt es in die benachbarte Bearbeitungsspalte. Jedes Mitglied kann mehrere Jobs bearbeiten, die interne Kommunikationsmanagerin hält die Beteiligten an, nicht zu viele zu starten. In manchen Projekten wird sogar eine Obergrenze für laufende Jobs festgelegt. Wir empfehlen, dass nicht mehr als vier Jobs zur gleichen Zeit von einer Person bearbeitet werden.

→ **Prüfen und freigeben** – Sobald die Bearbeitung abgeschlossen, ein Teammitglied z. B. die Aufstellung des Verteilers im Rahmen des Rundmails beendet hat, verrückt es das dazugehörige Ticket eine Spalte weiter. In der Regel überprüft die Kommunikationsmanagerin den fertiggestellten Job. Falls Korrekturschritte notwendig sind, wird das Ticket wieder nach links zurück in die Bearbeitungsspalte gehängt. Ist alles in Ordnung, dann rutscht das Ticket nach rechts.

→ **Erledigt** – Alle Jobs, die abgearbeitet sind, landen rechts außen in der letzten Spalte. Selbst hier kann es passieren, dass ein Auftrag zurück nach links ins Rennen muss, wenn nachträglich Fehler festgestellt werden. Doch ansonsten signalisiert die rechte Spalte: Geschafft!

Die obigen vier Spalten stellen die klassische Aufteilung dar. Diese Aufteilung ist aber kein Muss. Je nach Projekt lassen sich Zahl und Spalten des Taskboards variieren. Beispielweise könnte ein Projekt, das hauptsächlich mit externen Kreativen arbeitet, in folgende Spalten unterteilt werden: To-do – Angebote/Aufträge – Briefing/Entwurf – Prüfung/Freigabe - Erledigt.

Damit es kein Durcheinander beim Umgang mit dem Taskboard gibt, legt das Team gemeinsam mit der internen Kommunikationsmanagerin die Spielregeln fest. Nur der für den jeweiligen Job verantwortliche Teamkollege hängt seine Tickets um, niemand sonst. Es darf kein Ticket vom Board genommen werden. Alle Arbeitsaufträge bleiben zu jederzeit sichtbar. Sollte ein Auftrag annulliert werden, dann wird das Ticket an den Rand in ein Storno-Feld gehängt. Ein Projektjob kommt erst „in Arbeit", wenn tatsächlich mit Nachdruck an dem Job gearbeitet wird. Erste kurze Vorüberlegungen berechtigen nicht zum Statuswechsel.

Die einzelnen Tickets auf dem Taskboard können sich je nach Bedarf aus verschiedenen Elementen aufbauen. Zu den Standard-Elementen gehören folgende Angaben:

→ **Job** – Die anstehende Tätigkeit wird mit wenigen aussagekräftigen Stichworten beschrieben.

→ **Maßnahme** – Der jeweilige Job wird der entsprechenden Kommunikationsmaßnahme zugeordnet.

- → **Zuständig** – Ein oder mehrere Teamglieder übernehmen die Arbeitsaufgabe.
- → **Fällig** – Hier steht eine zeitliche Vorgabe für die Fertigstellung.

Im Normalfall sollten diese Angaben auf den Job-Tickets genügen. Bei Bedarf lassen sich zusätzliche Angaben ergänzen:

- → **Kennzahl** – weil es viele sind, werden die Jobs nummeriert.
- → **Priorität** – Bedeutung des Jobs für das Projekt.
- → **Umfang** – kalkulierter Arbeitsaufwand in Stunden oder Tagen.
- → **Anmerkungen** – zu Besonderheiten des Jobs.
- → **Freigabe** – durch Kommunikationsmanagerin, Fachabteilung oder Chefetage.

Die Karten dürfen allerdings nicht mit Einzelheiten überfrachtet werden, sonst ist der Sinn der agilen Planung hinfällig. Die Zusatzangaben sind deshalb die Ausnahme und nicht die Regel auf dem Taskboard.

In großen Projekten kann es – wie bei den klassischen Strukturablaufplänen – sinnvoll sein, zu differenzieren, um die Übersicht zu erhalten. Zwei Möglichkeiten stehen offen. Entweder wird das Taskboard in „Swimlanes" unterteilt. Das sind durchgehende Zeilen auf dem Board für einzelne Kommunikationsmaßnahmen, die aufgrund ihrer hohen Bedeutung eine spezielle Beobachtung benötigen und deshalb eine eigene Bahn auf dem Board bekommen.

Oder es wird gleich mit mehreren getrennten Taskboards gearbeitet. Da gehört zum Beispiel als eine zentrale Maßnahme eine große Mitarbeiterversammlung zum internen Kommunikationsprojekt. Die Veranstaltung ist aufwendig und baut sich aus zahlreichen Einzeljobs mit vielen Beteiligten auf. Aus dem Grund wird ein zweites Board eröffnet, das sich nur auf die Jobs rund um die Veranstaltung konzentriert.

An den Ablaufplan und das Taskboard schließt sich die Fixierung der **Themenprofile** an. Sie sind die Baupläne für den späteren Einsatz der Themen. Hier erfasst das Team alle wichtigen konzeptionellen, inhaltlichen und technischen Parameter stichwortartig. Damit die Profile für jeden im Team zu jeder Zeit im Zugriff sind, werden sie ebenfalls digital erfasst und für alle Beteiligten online bereitgestellt.

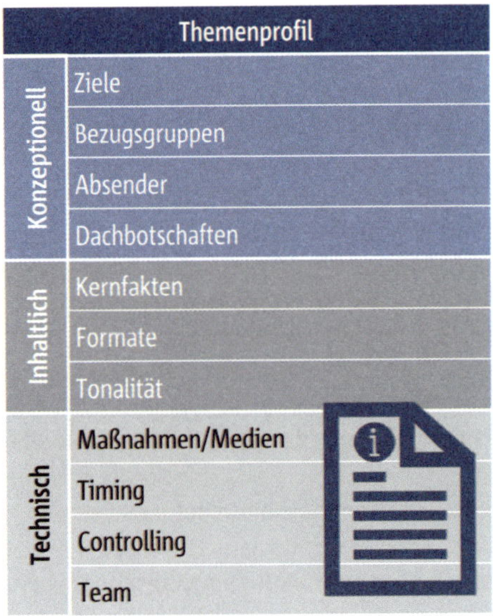

Abbildung 44: Das Themenprofil

Für jedes Themenprofil schaut das Projektteam zuerst in das Kommunikationskonzept, in dem alle relevanten Themen aufgeführt sind. Nur für die Highlightthemen wird ein eigenes Profil in tabellarischer Form erstellt. Für die Standardthemen greifen in der Regel routinemäßige, bewährte Abläufe. Die Tabelle weist alle Planungselemente aus, die für die Inszenierung des jeweiligen Highlightthemas relevant sind. Ganz oben stehen die konzeptionellen Einzelheiten:

→ **Themenbeschreibung** – Um welches Highlightthema des internen Kommunikationsprojekts geht es im Folgenden?

→ **Ziele** – Was soll mit dem jeweiligen Thema bis zum Ende der Kommunikationszeit erreicht werden?

→ **Bezugsgruppen** – Welche Mitarbeitenden werden mit dem Thema angesprochen? Was sollen sie im Kopf behalten?

→ **Absender** – Welche Person oder Gruppe steht in der Absenderposition und vermittelt das Thema?

→ **Dachbotschaften** – Welche der strategischen Dachbotschaften werden durch das Thema transportiert?

Darunter folgen die inhaltlichen Informationen zum Thema, die sich auf wenige aussagekräftige Fakten konzentrieren:

→ **Kernfakten** – Was sind die prägenden Daten und Fakten, die das markante Profil des Themas bilden?

→ **Formate** – In welcher redaktionellen Form sollen die Themen transportiert werden? Reportage, Story, Interview, Fotoserie, Video?

→ **Tonalität** – Welche Stimmungslage, welches Temperament bekommt die Themendarstellung?

Und wie sollen die Themen ins interne Gespräch gebracht werden? Unten in der Tabelle werden die technischen Informationen zusammengefasst:

→ **Maßnahmen** – Welche der im Konzept vorgesehenen Maßnahmen transportieren das Thema?

→ **Timing** – Wann läuft das Thema? In welcher zeitlichen Abfolge werden die einzelnen Themen kommuniziert? Wie vermeidet das Team Überschneidungen zwischen den Inhalten?

→ **Controlling** – Mit welchen Mitteln der Erfolgskontrolle überprüft das Team die Entwicklung des Themas?

→ **Team** – Wer kümmert sich federführend um das jeweilige Thema und übernimmt die Redaktion?

Für das Projektteam sind die Themenprofile der Marschplan zur inhaltlichen Ausgestaltung der Highlightthemen. Die Profile können im Laufe des Planungsprozesses flexibel weiterentwickelt werden, neue Ideen und Konkretisierungen fließen nachträglich ein.

Digitale Bibliothek: Themenprofil

Thema „Buch des Monats“
Das Thema sehen wir als regelmäßigen Kommunikationsimpuls, der uns ab dem zweiten Aktionsmonat dauerhaft begleitet. Die Tipps sollen von den Kolleginnen und Kollegen selbst kommen und in Form eines Podcast realisiert werden.

Thema	Buchtipp des Monats
Ziel	• Impulse für das Ausleihen setzen • Über besondere Bücher der Bibliothek informieren • Hohe Qualität der Bibliothek unterstreichen • 100 Leser/Monat für den Buchtipp erreichen
Bezugsgruppen	• Buchinteressenten und junge Kollegen als frühe Nutzer
Absender	• Kollegen empfehlen Bücher für Mitarbeitende
Dachbotschaften	• **Passgenaues Wissen.** Wir können das Wissen sofort anwenden, denn das Buchangebot wird auf unsere Einsatzbereiche und Projekte zugeschnitten. Kommen neue Schwerpunkte hinzu, wird sich das sofort in der digitalen Bibliothek widerspiegeln.
Kernfakten	• Zusammenfassung der Inhalte • Autor vorstellen • Auf die Arbeit von LudwigPlan Bezug nehmen • Nutzen anschaulich machen • Empfehlende und ihre Motivation transparent machen
Formate	• Buchbesprechung als Podcast • Kurze Textversion auf der Startseite Intranet • Lange Textversion auf der Buchtippseite
Tonalität	• Positiv, persönlich, praxisnah, authentisch • Keine Verrisse! Aber auch keine "Lobhudelei"
Maßnahmen	• News in der Newsspalte • Insert auf der Startseite des Intranets • Ausführliche Version auf der Textseite
Timing	• Ab dem 2. Aktionsmonat jeden Monat 1x
Controlling	• Abruf Tippseite, Verweildauerseite • Ausleihzahlen, Empfehlungszahlen
Team	• Verantwortlich für Buch + Empfehlung: Weiterbildungsbereich • Verantwortlich für Kommunikation: interne Kommunikation

Zum Einstieg versuchen wir vor allem, die jungen Leute von LudwigPlan für eine Rezension zu gewinnen. Die Qualität des Themas ist abhängig von der Qualität der Beiträge. Wir werden zwar Regie führen und eine professionelle Umsetzung gewährleisten, aber die Rezensierenden nicht inhaltlich beeinflussen.

In der Anfangsphase sprechen wir unsere Bezugsgruppen direkt an und motivieren sie, einen Buchtipp abzugeben. In der zweiten Aktionshälfte – so hoffen wir – kommen die Kolleginnen und Kollegen von selbst auf uns zu, darunter dann zunehmend auch die älteren.

Abbildung 45: Das Maßnahmenprofil

Die Themen werden durch die Maßnahmen transportiert. Folgerichtig wendet sich das Projektteam anschließend den **Maßnahmenprofilen** zu. Die Profile legen einen Steckbrief für die wichtigen Maßnahmen an. Alle für den Einsatz relevanten Faktoren werden stichwortartig erfasst. Dabei dienen die kurzen Maßnahmenbeschreibungen aus dem Konzept als Orientierungsgröße bei der Ausarbeitung. Jedes Profil bekommt eine tabellarische Form, die das Team mit Daten und Fakten füllt. Zuerst kommen die grundlegenden konzeptionellen Parameter:

→ **Ziele** – Sie wurden im Maßnahmenteil des Kommunikationskonzepts festgelegt und werden an dieser Stelle nur übernommen. Was soll die Maßnahme erreichen?

→ **Bezugsgruppen** – Welche Mitarbeitenden, interne Gruppen und Gremien sollen mit der jeweiligen Maßnahme angesprochen werden?

→ **Kreative Idee** – Keine Kommunikationsmaßnahme darf „von der Stange kommen". Welche Idee macht aus ihr etwas Besonderes?

→ **Themen** – Welche Inhalte will das Team mit der jeweiligen Maßnahme transportieren? Lassen sich Storys erzählen?

→ **Schnittstellen** – Wie verbindet sich die Maßnahme mit anderen Maßnahmen und erzeugt ein Netz der Kommunikation?

→ **Risiken/Chancen** – Das Team denkt weiter und wägt ab. Welche Probleme und positiven Optionen liegen in der Maßnahme?

Darunter stehen alle technischen und organisatorischen Angaben zur jeweiligen Kommunikationsmaßnahme:

→ **Technische Daten** – Welche Daten sind für die jeweilige Maßnahme erforderlich? Dazu gehören bei Printmaterialien z. B. Auflage, Umfang, Material, Farbe, Verarbeitung. Bei einem neuen Bereich im Intranet z. B. Einordnung in die Navigation, Anzahl, Funktionalität und Format der Seiten.

→ **Zeit/Meilensteine** – Wann startet die Maßnahme? Wann pausiert und wann endet sie? Gibt es Höhepunkte im Einsatz? Welche Ereignisse und wichtigen Termine müssen in der Planung berücksichtigt werden?

→ **Budget** – Mit welchen internen und externen Gesamtkosten für die Maßnahme ist zu rechnen?

→ **Kontrolle** – Welche Instrumente von Testing, Monitoring und Ergebniskontrolle kommen zum Einsatz?

→ **Team** – Welche Person oder Gruppe übernimmt welche Arbeiten im Rahmen von Planung, Gestaltung, Produktion und Steuerung?

Da die Zahl der Maßnahmen in der internen Kommunikation relativ klein ist, bleibt der Aufwand überschaubar. Die Profile können digital im PC aufbereitet oder als große Profil-Poster im Raum ausgehängt werden. Die Teammitglieder kennen die Profile aller geplanten Maßnahmen, auch wenn sie nicht zu den eigenen Arbeitspaketen gehören, und behalten auf diese Weise den Überblick.

Digitale Bibliothek: Maßnahmenprofil

3.2 Bibliotheks-Imageseiten

Das Buchportal zum Online-Ausleihen der Bücher ist fertiggestellt. Um das Angebot interessanter zu gestalten und die Bedeutung zu erhöhen, ergänzen wir das „frugale“ Portal um emotionale Imageseiten. Gestaltung von Text und Layout erfolgt durch einen externen Grafiker.

Maßnahme	3.2 Bibliotheks-Imageseiten
Ziele	• Die Bibliothek aufwerten • Die zukunftsweisende Positionierung darstellen • Den älteren Kollegen Argumente für die Nutzung liefern
Bezugsgruppen	• Alle Interessenten und Nutzer • Mit Schwerpunkt ältere Kollegen
Risiken	• Die Seiten werden als "internes Marketing" abgelehnt
Chance	• Seiten werden weiterempfohlen
Kreative Idee	• Mit der Rakete als Key Visual arbeiten
Themen	• Nutzen der Bibliothek für das Unternehmen • Nutzen für den einzelnen Mitarbeitenden • Einfache Anwendung der Bibliothek • Aktuelle Themen (je nach Themenplan)
Schnittstelle	• Weiterbildungsbereich (Abstimmung der Inhalte)
Zeit	• Ab Aktionsstart dauerhaft im Intranet
Technische Daten	• 4 Seiten mit Text, Foto und Infografiken • Als Bild formatiert, um das Design zu optimieren • Auf voller Seitenbreite ohne Rand • Auf jeder Seite Button zur Entleihe
Meilensteine	• 17. bis 19. KW – Detailkonzept und Text • 20. und 21. KW – Design und Programmierung • 21. und 22. KW – Implementierung Intranet • 23. KW – Test offline • 24. KW – Seiten gehen online
Budget	• 1.600 Euro
Kontrolle	• Visits/Tag, Verweildauer, Klick auf Button zum Ausleihbereich
Team	• Interne Kommunikation plus externe Designerin und interner IT-Fachmann

Taskboard, Strukturplan, Ablaufplan, Themenprofil und Maßnahmenprofil sind ausreichend für die Planung und Steuerung der meisten internen Kommunikationsprojekte. Und wie sieht es mit weiteren Tools aus den Bereichen von Scrum oder Kanban aus? Werkzeuge wie Planning Poker (zur Schätzung des Arbeitsaufwands) oder Burn-down-Charts (zur Visualisierung des Arbeitsfortschritts) haben wir in der internen Kommunikation noch nie in der Anwendung gesehen oder von einer Anwendung gehört. Das Daily-Stand-up-Meeting ist nur in der ganz heißen Phase des Projekts, wenn es Schlag auf Schlag geht, zweckmäßig. In der Regel reicht ein wöchentliches oder vierzehntägiges Projektmeeting aus.

Nützlich sind digitale Team-Apps wie Slack oder Microsoft Teams. In großen Projekt-Apps wie Trello oder Basecamp sind entsprechende Teamfunktionen enthalten. Für ein einzelnes Projekt wäre die Nutzung der Apps übertrieben. Sie machen nur Sinn, wenn sich die Kommunikationsmanagerin entschließt, in Absprache mit der Geschäftsleitung, in Zukunft alle internen Kommunikationsprojekte mit einer Team-App zu unterstützen.

Das Team hat in der App Zugriff auf einen Ordner, in dem die Projektunterlagen abgelegt werden. Alle Unterlagen vom Aufgaben-Exposé bis zum Meeting-Protokoll sind hier zu finden. Das Team kann gemeinsam an Taskboards oder Projektpräsentationen arbeiten. In der Produktions- und Realisierungsphase legt der beteiligte Grafiker oder die Videomacherin den Arbeitsstand im Ordner ab. Es entsteht so eine virtuelle Projektwerkstatt, in der alles zu finden ist, was zum Projekt gehört. Nicht zu vergessen: Die Teammitglieder können über ein Messenger-System miteinander kommunizieren. Und ein weiterer Vorteil: Die App läuft auf Desktop, Tablet oder Smartphone, sodass die Mitglieder im Büro, unterwegs oder zu Hause darauf zugreifen können.

Zentrale Plattform der Teamaktivitäten sind die Projektmeetings. Sie dauern selten länger als eine Stunde. Die Mitglieder bringen sich gegenseitig auf den aktuellen Stand und berichten, was als Nächstes ansteht. Intensiver diskutiert wird nur über akute Probleme innerhalb des einzelnen Arbeitsauftrags oder zwischen verschiedenen Aufträgen. Hier kommt es darauf an, schnell und konstruktiv eine Lösung zu finden. Die interne Kommunikationsmanagerin ist verantwortlich für den Ablauf der Meetings, sie führt knapp und präzise durch die Agenda und stellt eine wertschätzende Gesprächsatmosphäre sicher.

Wie werden Probleme identifiziert? Das Team hat alle Antennen ausgefahren, und tauchen innerhalb eines Arbeitsauftrags Probleme auf, werden sie in den Projektmeetings besprochen. Falls im Meeting keine Lösung zu finden ist, entsteht ein neuer Arbeitsauftrag auf dem Taskboard oder dem Projektablaufplan. Ein Teammitglied sammelt weitere Informationen und schlägt bis zur nächsten Runde eine machbare Problemlösung vor. Die Lösung kann zu einer Kurskorrektur in der weiteren Planung und Realisierung führen. Im Einzelfall führt das Problem sogar zu einer nachträglichen Änderung im Konzept. Zu unterscheiden sind verschiedene Kategorien von Problemen:

→ **Strategische Probleme** – Am eklatantesten sind strategische Komplikationen, zum Beispiel in Bezug auf Zielsetzung oder Botschaften. Sie schlagen auf das Konzept durch und verlangen oft weitreichende Kurskorrekturen. So steckt das Team bereits tief in der Planung, als die Personalabteilung neue alarmierende Zahlen über eine starke Zunahme der Versetzungsanträge veröffentlicht. Sie erfordert eine Neuausrichtung der Botschaft „Unser Pluspunkt sind zufriedene Mitarbeiter" und in der Folge die Neukonzeption der darauf aufbauenden Themen- und Maßnahmenplanung.

→ **Technische Probleme** – In der Planungsarbeit stellt sich heraus, dass Maßnahmen aus dem Konzept in der Umsetzung an technische Grenzen stoßen. Zum Beispiel wäre eine Integration von Videos ins Intranet zwar wünschenswert. Sie ist jedoch nicht umsetzbar, weil die aktuelle Version der Intranet-Software diese Option nicht hergibt und der Administrator ein Update verweigert.

→ **Zeitliche Probleme** – Bestimmte Termine der Planung sind nicht zu halten. Das geplante kleine Präsent für die Mitarbeitenden passt zwar ideal ins Konzept, aber leider teilt der Hersteller mit, dass er keinesfalls im gewünschten Zeitraum liefern kann.

→ **Gestalterische Probleme** – Wichtige Gestaltungselemente kommen bei ersten Tests nicht gut an. Der im Konzept angedachte Slogan wird getestet, und siehe da: 70 % der Bezugsgruppe missverstehen ihn. Also muss dringend eine neue Aussage her oder das Team entschließt sich, auf einen Projektslogan zu verzichten.

→ **Organisatorische Probleme** – Zentrale Planungskomponenten wie Protagonisten, Orte oder Abläufe lassen sich organisatorisch nicht in den Griff bekommen. Zum Beispiel ist der Wunschmoderator für das Mitarbeiterfest ausgebucht oder die Feuerwehr lehnt eine Durchführung der Mitarbeiterversammlung in der Lagerhalle aus Feuerschutzgründen strikt ab.

Maßnahmen gestalten und produzieren

Zu den Gestaltungsarbeiten gehört die Entwicklung aller bildlichen und textlichen Elemente – von Layout und Text für ein Faltblatt bis zum Fotografieren für das Mitarbeitermagazin und dem Gestalten der Projektseite im Intranet. Zur Produktion zählt die Herstellung aller Kommunikationsmittel, wie zum Beispiel der Druck eines Folders, die Anfertigung eines Werbetransparents für die Kantine oder die Programmierung der Projektseiten im Intranet.

Zur Projektphase gehört auch die Maßnahmenorganisation. Dazu rechnen wir u. a. die Reservierung von Räumen für ein Mitarbeiterevent, die Buchung des Moderators oder die Anmeldung bei der GEMA, weil auf der Veranstaltung eine Live-Band auftreten soll. Die anfallenden Arbeiten übernehmen die entsprechenden Fachleute im Team. Event-Arbeitspakete landen beim Event-Manager, die Intranet-Programmierung bei den Spezialisten aus der IT.

In der Zeit der Gestaltung, Produktion und Organisation werden das Taskboard oder der Projektablaufplan weitergeführt und das Team trifft sich regelmäßig zu Projektmeetings, um über die Arbeitsfortschritte zu berichten und Probleme zu klären.

Die Projektsteuerung

Durchführung des Projekts steuern

Alle Maßnahmen stehen bereit, und damit können die internen Kommunikationsaktivitäten starten. Die Kommunikationsmanagerin und ihr Team bleiben im Einsatz und steuern die laufende Kommunikation. Voraussetzung für die Steuerung des Projekts ist die ständige Beobachtung und Auswertung der Kommunikationsereignisse. Die Kontrolle erfolgt zu Beginn täglich, denn in den ersten Tagen ist die Fehlerwahrscheinlichkeit am höchsten. Hat sich die Kommunikation eingelaufen, reicht eine wöchentliche, später sogar eine monatliche Auswertung. Sobald Probleme sichtbar werden, ordnet das Team sie ein. Vielleicht sind sie geringfügig und alles kann weiterlaufen. Vielleicht empfiehlt es sich, die Dinge zuerst genauer zu beobachten, bevor eine Entscheidung getroffen wird. Aber manchmal ist sofortiges Handeln gefragt: Es gibt Probleme, die den Kommunikationserfolg bedrohen, wenn sie nicht gleich behoben werden.

Allerdings hat das Team in der Steuerungsphase nur begrenzte Eingriffsmöglichkeiten, denn die Kommunikationsmaßnahmen sind gestaltet, produziert und in Aktion. Da wären Änderungen nur mit erheblichem Ressourcen-Aufwand möglich. Das Team ändert nur, wenn es absolut notwendig ist. Zudem müssen Aufwand und Nutzen in vernünftiger Relation stehen. Man stelle sich vor, in der fertiggestellten Weiterbildungsbroschüre fehlt das neu eingeführte Webinar-Angebot. Die Broschüre ein zweites Mal zu drucken, würde zu erheblichen Kosten führen. Also entschließt sich die interne Kommunikationsmanagerin, der Broschüre ein kleines Faltblatt mit dem Webinar-Programm beizulegen.

Die Eingriffe können nicht nur auf Problemen, sondern auch auf Chancen basieren. Da zeigt sich beispielsweise, dass das Infotelefon zum Vorruhestand rege Nachfrage findet, also wird der Telefoneinsatz kurzfristig von einmal im Monat auf einmal die Woche erhöht.

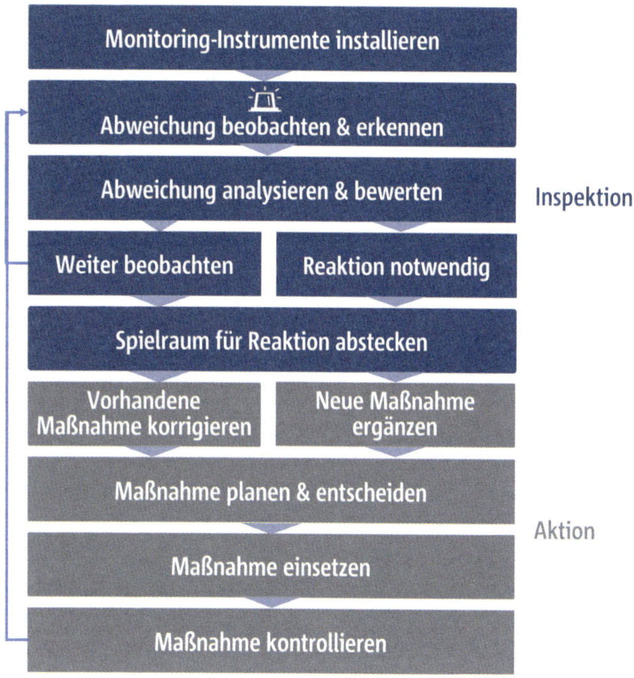

Abbildung 46: Die Steuerung des Projekts

Um Abweichungen von der Planung zu erkennen und zu korrigieren, geht das Projektteam mit System vor:

→ **Monitoring-Instrumente installieren** – In der Konzeptionsphase wurde skizziert, welche Kontrollinstrumente zum Einsatz kommen. Das Team legt die Einzelheiten des Einsatzes fest und stellt sicher, dass die Instrumente installiert werden und funktionieren.

→ **Abweichungen beobachten und erkennen** – Die Monitoring-Instrumente sind an wichtigen strategischen und operativen Stellen aktiv, sie liefern permanent oder in Intervallen Messergebnisse. Zu jedem Zeitpunkt hat die interne Kommunikationsmanagerin das Geschehen im Blick.

→ **Abweichungen analysieren und bewerten** – Die Instrumente des Monitorings liefern negative oder positive Abweichungen von den geplanten Soll-Werten, die einer genauen Betrachtung bedürfen. Welche Bedeutung hat die Abweichung? Was sind die Ursachen? Ein kleines Randproblem oder der Beginn einer fatalen Fehlentwicklung?

→ **Weiter beobachten oder reagieren notwendig** – Ist das Problem klein oder nicht akut, wird erst einmal weiter beobachtet, wie es sich entwickelt. Oft löst sich ein Problem von selbst wieder auf. Bei einem ernsten Fehler schrillen jedoch die Alarmglocken und fordern eine Reaktion.

→ **Spielraum für Reaktion abstecken** – Die Kommunikationsmanagerin stellt fest, dass die Abweichung ein sofortiges Eingreifen des Projektteams erfordert. Aber die Kommunikation läuft auf vollen Touren. Stellen sich die Fragen: Was kann man tun, ohne den Fluss zu stören? Welcher Handlungsspielraum steht zur Verfügung?

→ **Vorhandene Maßnahme korrigieren oder neue ergänzen** – Möglichweise reicht es aus, vorhandene Maßnahmen zu korrigieren, um die Kommunikation wieder auf Kurs zu bringen. Andererseits kann der Fehler so schwerwiegend sein, dass laufende Kommunikationsmaßnahmen aus dem Verkehr gezogen und neue Maßnahmen die Lücken schließen müssen. Speziell in dieser Phase der Steuerung ist Improvisationstalent und Erfindergeist gefragt. Oft sind es schnelle, unkonventionelle Lösungen, die aufgrund der Zeitknappheit die besten Umsetzungschancen haben.

→ **Maßnahme planen und entscheiden** – Für die Korrektur der vorhandenen Maßnahme oder die Implementierung der neuen Maßnahme wird ad hoc ein Umsetzungsplan erstellt. Bei kleinen Korrekturmaßnahmen kann die Kommunikationsmanagerin selbstständig entscheiden. Bei großen Änderungen mit hohem Ressourcen-Aufwand kann es notwendig werden, das Projektteam zusammenzurufen, um gemeinsam einen Plan auszuarbeiten und den Auftraggeber alles absegnen zu lassen.

→ **Maßnahme einsetzen** – Die Maßnahme wird zügig gestaltet, produziert und in die Kommunikation gebracht. Alles muss passen. Die Änderungen dürfen die laufende Kommunikation keinesfalls ins Schleudern bringen. Die überarbeitete oder neue Maßnahme fügt sich nahtlos in den Fluss ein. Es fühlt sich an, als hätte sie von Anfang an dazugehört. Niemand merkt, dass es sich um eine Ersatzspielerin handelt.

→ **Maßnahme kontrollieren** – Die überarbeitete oder neue Maßnahme kann wiederum Mängel haben oder ungeahnte Chancen eröffnen. Deshalb wird sie von Anfang an in die Erfolgskontrolle integriert. Vor allem in den ersten Einsatztagen steht sie unter besonderer Beobachtung, um bei Startproblemen sofort zu reagieren.

Grundvoraussetzung für eine erfolgreiche Projektsteuerung ist das perfekte Monitoring. Es muss intensiv, aber verhältnismäßig sein. Unter Beachtung des Datenschutzes und der Diskretion werden alle Spielräume genutzt, um gute Ergebnisse zu erzielen:

→ **Laufende Sekundärdaten anzapfen** – Das Unternehmen beobachtet die eigenen Verkäufe bis ins Detail, es gibt eine monatliche Statistik zu Kündigungen und Neueinstellungen. Die IT erstellt eine wöchentliche Bilanz der Intranet-Nutzung. Sofern die Daten dem internen Kommunikationsprojekt wichtige Erkenntnisse liefern, werden sie in das Monitoring einbezogen.

→ **Eigene Primärdaten erfassen** – Für das laufende Projekt werden spezielle Monitoring-Tools installiert und relevante Daten erfasst. Ganz banal zählt die Kommunikationsmanagerin jeden Abend, wie viele Folder die Kollegen und Kolleginnen heute aus dem Display im Personalraum genommen haben. Oder wie oft sie die neue App auf das Diensthandy herunterunterladen und installieren. Oder die Managerin stellt eine Fokusgruppe mit ausgewählten Mitarbeitenden zusammen, die regelmäßig zur laufenden Kommunikation befragt werden. Die Erfassung von Primärdaten erfolgt in Bereichen, die nicht durch Sekundärdaten abgedeckt werden, jedoch für den Kommunikationserfolg entscheidend sind.

→ **Eigene Beobachtungen integrieren** – Die Kommunikationsmanagerin hält die Augen offen, spricht die Bezugsgruppen auf dem Flur und in der Kantine ständig auf das Kommunikationsprojekt an und bekommt ein Feedback. Die hieraus gewonnenen Meinungen und Berichte sind eine wichtige Ergänzung zu den messbaren Daten.

Das Ziel sollte sein, auftauchende Probleme und sich bietende Chancen frühestmöglich anzugehen. Frühe Korrekturen machen den meisten Sinn, weil die Restlaufzeit lang ist und die Verbesserung nachhaltig wirken kann. Im letzten Drittel der Kommunikation dagegen ist es nur in wenigen Einzelfällen zweckmäßig, bei erkannten Problemen einen großen Korrekturaufwand zu betreiben. In der Regel wird zum Schluss nur das Notwendigste geflickt.

Qualitätskontrolle und Informationsmanagement

Eine spezielle Form der Steuerung ist die **Qualitätskontrolle**. Hier geht es nicht um überraschend auftretende Probleme und Chancen im Kommunikationseinsatz. Vielmehr hat die Kommunikationsmanagerin einen definierten Anspruch an die Qualität der internen Kommunikation und steht dazu. Messlatte der Qualität ist die strategische Linie des Kommunikationskonzepts. Es ist der Managerin wichtig, dass die Linie erreicht oder übertroffen wird. Deshalb beobachtet sie die laufenden Kommunikationsmaßnahmen und greift lenkend ein, wenn sie merkt, dass die Qualität sinkt und dem Anspruch des Konzepts nicht genügt. Zum Beispiel soll ein Kommunikationsprojekt einen Change-Prozess begleiten, der sich als „einfühlsame Weiterentwicklung" positioniert. Die Entwürfe der News-Texte zum Projekt lesen sich steif und bürokratisch. Da heißt es, einzugreifen und Inhalt und Tenor vor Veröffentlichung zu überarbeiten. Qualitätsmängel können im Eifer des Projekts passieren. Die Beteiligten im Team sollten sie aber nicht hinnehmen, sondern während des laufenden Projekts daran arbeiten.

Ein entscheidender Mechanismus für die Qualitätskontrolle der internen Kommunikation ist der konsequente zweidimensionale Aufbau des Monitorings. Es werden nicht nur quantitative Ziele gemessen, genauso wichtig sind qualitative Beobachtungen. Das Projektteam will nicht nur wissen, wie viele Kollegen die neue Projektseite im Intranet besucht haben, sondern unbedingt auch, ob die Projektseiten und das integrierte Informationsmaterial für sie nützlich waren und welche Anmerkungen sie in der Kommentarspalte der Seite hinterlassen haben. Hohe quantitative Resultate können wertlos sein, wenn die qualitative Dimension nicht stimmt.

Zur Steuerung gehört auch das **Informationsmanagement** über das laufende Projekt. Auftraggeber und Fachabteilungen, Unterstützer und Personalvertreter werden über alle wichtigen Abläufe regelmäßig informiert und sind ausreichend im Bild. Das Kommunikationsprojekt ist keine Blackbox, sondern für alle eine bekannte Größe.

Das Projektteam vermeidet zu wenige Informationen. Denn in diesem Fall mangelt es an Transparenz. Führung und Fachabteilungen fragen sich, wo das Projekt steht, und Vermutungen sind zu hören. Im schlimmsten Fall entsteht ein Meinungsbild, das nicht der Realität und den Wünschen des Projektteams entspricht. Doch ist das Bild des Projekts einmal falsch gesetzt, wird es schwierig, Richtigstellungen durchzusetzen.

Andererseits darf das Team auch keine überbordende Informationsflut erzeugen, bei der jede Woche mehrseitige Projektreports erstellt und an alle Beteiligten rundgemailt werden. Niemand im Unternehmen hat Zeit und Lust, das alles zu lesen. Bei den ersten Reports wird schnell überflogen, aber bald archivieren die Empfänger die internen Mails ungelesen. Keiner ist mehr im Bilde. Zu viele Informationen führen zu weniger Transparenz.

Auf die richtige Informationsdosis kommt es an. Die Projektinformation fasst sich kurz und konzentriert sich auf das Wesentliche. Mehrere Informationsinstrumente ergänzen sich:

→ **Statusreport** – Das ist die Zusammenfassung der aktuellen Ergebnisse aus der letzten Woche oder dem letzten Monat – im Normalfall nicht länger als eine Seite. Die interessanten Fakten werden herausgehoben.

→ **Statusarchiv** – Hier ist das gesamte Basismaterial des Monitorings gesammelt und strukturiert abgelegt. Wem der kurze Statusreport nicht ausreicht, kann genauer hinschauen. Im Archiv sind auch die Reports und Ergebnisse der Vorperioden zu finden.

→ **Statusreview** – Bei herausragenden Kommunikationsprojekten, die auf ein hohes Interesse bei Auftraggeber und Fachabteilungen stoßen, ruft die Kommunikationsmanagerin die Interessenten zu Reviews in der Realisierungsphase zusammen. Sie bilanziert den Stand der Dinge in einer kurzen Präsentation. Falls Änderungen oder Erweiterungen erforderlich sind, hat sie bereits entsprechende Vorschläge erarbeitet.

Der Projektabschluss

Debriefing organisieren

Mit dem Ablauf der letzten Kommunikationsmaßnahme ist das Projekt nicht beendet. Projektablauf und -ergebnisse werden nachbereitet, das Projektteam zieht Bilanz.

Zentrale Arena für den Abschluss ist eine besondere Form des Projektmeetings: das Debriefing. Alle Projektbeteiligten treffen sich zur Nachbesprechung. Dabei kommen zwei Seiten zusammen. Zum einen alle, die an Konzeption und Planung aktiv beteiligt waren und sich das Projekt ausgedacht haben. Zum anderen die Personen, die die geplanten Maßnahmen tatsächlich an der Front umgesetzt und die Realität gespürt haben.

Das gemeinsame Debriefing-Treffen ist weit mehr als nur die Vorstellung der Ergebnisse aus der Erfolgskontrolle. Im Debriefing werden die Kontrollergebnisse mit den persönlichen Erfahrungswerten der Beteiligten verglichen. Zwischen beiden Seiten kann es zu enormen Abweichungen kommen. Es gibt Projekte, deren Zahlen in der Erfolgskontrolle miserabel ausfallen, aber nach dem persönlichen Eindruck der Beteiligten sind die Aktivitäten bei den Mitarbeitenden hervorragend angekommen. Wie kann das sein? Es kommt auf die Perspektive an: Die Erfolgskontrolle hat den schwachen Traffic im Intranet und die Zahl der Anrufe am Infotelefon gewertet. Die beteiligten Kommunikationsakteure berichten jedoch von ihren Gesprächen, bei denen ihnen die Kolleginnen und Kollegen zustimmend auf die Schulter geklopft haben. Diese tiefergehende Sicht auf das Projekt macht ein Debriefing so wertvoll.

Der Briefingtermin findet möglichst direkt nach Beendigung der letzten Maßnahmen statt, so lange die Erinnerungen und Erfahrungswerte frisch sind. Das Treffen hat eine konstruktive Atmosphäre, wird zum Lernerlebnis für das Projektteam. Erfolge und Fortschritte werden genauso wie Mängel und Fehler offen diskutiert und analysiert. Das Debriefing sollte nicht ausführlich werden, drei Stunden reichen als Zeitrahmen völlig aus. Der Ablauf eines typischen Debriefings besteht aus mehreren Teilen:

→ **Set the Stage** – Alle Beteiligten werden auf das Meeting eingestimmt und die Rahmenbedingungen erläutert.

→ **Präsentation der Ergebniskontrolle** – Ein Mitglied aus dem Team stellt in einer kurzen Präsentation die maßgeblichen Resultate vor.

→ **Berichte und Stimmungen** – Die ausführenden Kollegen und Kolleginnen erzählen kurze Storys von ihren Erfahrungen im direkten Projekteinsatz.

→ **Einsichten fördern** – Die Gesprächsrunde diskutiert die Ergebnisse und identifiziert Verbesserungspunkte.

→ **Änderungen anstoßen** – Es werden die To-dos definiert, die für eine Verbesserung sorgen sollen.

→ **Abschluss** – Die Kommunikationsmanagerin bedankt sich beim Team und beendet das Debriefing.

Am Ende des Debriefings haben alle Teilnehmenden das Gefühl, es war nützlich, dabei zu sein. Niemand geht mit Groll im Bauch aus dem Raum. Es herrschte eine wertschätzende Grundstimmung und unter dem Strich gab es viele konstruktive Ergebnisse.

Soll-/Ist-Analyse erstellen

Die Ergebnisse des Debriefings werden anschließend in einer Soll-/Ist-Analyse zusammengefasst. Die Analyse wird auch Gap-Analyse oder Planabweichungsanalyse genannt. Sie besteht aus einer übersichtlichen Tabelle mit drei Spalten für Soll-Vorgaben, Ist-Ergebnis, Bewertung, und darunter steht ein bilanzierender Tabellenfuß.

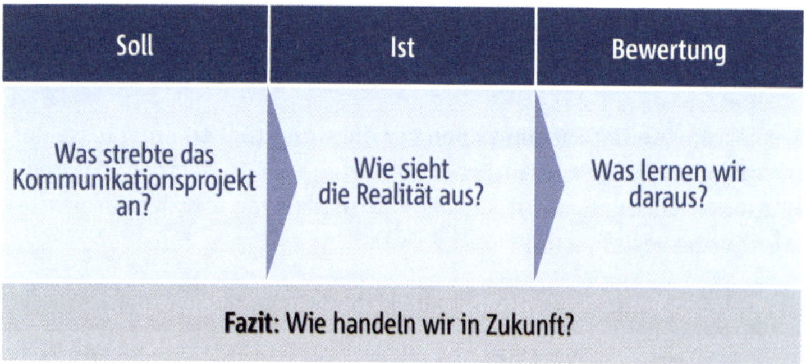

Abbildung 47: Die Soll-/Ist-Analyse

Der Einstieg erfolgt über die Soll-Spalte der Analyse-Matrix. Hier übernimmt die Kommunikationsmanagerin die konzeptionellen Vorgaben: Wo sollte es hingehen? Was strebte das Projekt an? Die entsprechenden Soll-Vorgaben stammen aus dem Kommunikationskonzept und hier im Wesentlichen aus den strategischen Zielen. Hinzu kommen die operativen Ziele. Sie wurden in den Themen- und Maßnahmenprofilen definiert. Damit die Ziele als fester Maßstab dienen können, hat das Projektteam sie soweit als möglich messbar formuliert und während der Kommunikationszeit wurden die notwendigen Messungen vorgenommen.

Die Ist-Spalte stellt die tatsächlichen Projektresultate gegenüber: Was ist am Ende dabei herausgekommen? Wie sieht die Realität aus? Die zweite Spalte zeigt, wo es besonders gut oder schlecht gelaufen ist. Es werden die quantitativen und qualitativen Ergebnisse der Erfolgskontrolle den Soll-Vorgaben gegenübergestellt. Die Ist-Spalte braucht ein hohes Maß an Augenmaß und Ehrlichkeit. Hier muss das Team die tatsächlichen Ergebnisse abbilden und nicht schönfärben oder gar verfälschen.

Die dritte Spalte bewertet die positiven wie negativen Abweichungen von Ist zu Soll und zieht die daraus notwendigen Konsequenzen: Welche Schlüsse lassen sich aus Abweichungen ableiten? Wie ist das Ganze zu bewerten? Was lernen wir daraus? In der dritten Spalte sollte ein möglichst hoher Erkenntnisgewinn stecken, der mit wenigen Stichworten auf den Punkt gebracht wird. In kritischen Situationen kann es ratsam sein, die Spalte erst einmal offen zu lassen und die Konsequenzen anschließend in einem gemeinsamen Debriefing-Gespräch mit den Beteiligten zu formulieren.

Als Fußzeile wird ein Fazit gezogen, das die Bewertungen und Konsequenzen auf den Punkt bringt: Wie handeln wir in Zukunft? Das Fazit der Soll-/Ist-Analyse versteht sich als Erkenntnis für die Zukunft. Sie wird bei einer Fortsetzung des Kommunikationsprojekts umgesetzt oder fließt in neue Projekte ein.

Digitale Bibliothek: Soll-/Ist-Analyse

In der nachfolgenden Tabelle stellen wir die wesentlichen Ergebnisse der Erfolgskontrolle dar. Die ausführlichen Resultate werden in einer Schlussdokumentation zusammengefasst, die der Führungsebene und dem Projektteam zur Verfügung gestellt wird.

Soll-Vorgaben	Ist-Resultate	Bewertung
7.000 Visits auf dem Portal nach 6 Monaten	5.000 Visits nach 6 Monaten	Nutzer kehren nur zurück, wenn es Neues gibt. Das ständige Auffrischen scheint wichtig für den Erfolg.
1.200 Bücher nach 6 Monaten ausgeliehen	1.000 Bücher nach 6 Monaten	Das Angebot muss noch besser auf die Interessen der Kollegen zugeschnitten werden.
50% der Mitarbeitenden leihen mehrfach aus.	30% der Mitarbeitenden leihen mehrfach aus.	Wichtig! Die Zahl der Stammleser ist deutlich zu erhöhen.
Über 65% der befragten Kollegen begrüßen die Bibliothek.	71% der Kollegen begrüßen die Bibliothek.	Die befürchteten Akzeptanzprobleme sind ausgeblieben. Die Stimmung ist positiv.
Die gelesenen Bücher werden durchschnittlich mit 3,5 von 5 Sternen bewertet.	Die Sterne-Bewertung wird kaum genutzt.	Es braucht gezielte Kommunikationsmaßnahmen für die Bewertung.
Der Buchtipp wird von 100 Kollegen/Monat gelesen.	Der Buchtipp wurde von 137 Kollegen/ Monat gelesen.	Ein wichtiges monatliches Thema, das unbedingt weiterzuführen ist.
Das Update des Buchangebots erhöht die Ausleihe um 10%.	Die Ausleihen sind um 14% angestiegen.	Die Qualität des Buchangebots ist entscheidend für den Erfolg. Zukünftig sollten wir Mitarbeitende aktiv in die Angebotserweiterung einbeziehen.
Fazit: Die Bibliothek ist bei Kollegen gut angekommen und wird genutzt. Da einige Ziele klar verfehlt wurden, sollten wir die Kommunikation fortsetzen und gezielt an kritischen Punkten ansetzen. Die Bibliothek ist noch kein Selbstläufer.		

Wir werden Roman Ludwig in der anstehenden Abschlusspräsentation dringend empfehlen, unsere Kommunikationsaktivitäten um weitere sechs Monate zu verlängern. Damit er eine tragfähige Entscheidungsgrundlage zur Verfügung hat, werden wir in der Präsentation bereits eine kurze Konzeptskizze vorstellen, die in groben Zügen transparent macht, wie wir die kritischen Punkte konkret angehen wollen und welche Fortschritte wir uns davon versprechen.

Die mündliche Bilanzpräsentation stellt den letzten Review-Termin des Projekts dar. Die interne Kommunikationsmanagerin und ihr Team informieren Auftraggeber und relevante Fachabteilungen über Ablauf und Ergebnisse des internen Kommunikationsprojekts. Die Präsentation stellt einen kurzen Rückblick auf die Eckpfeiler der ursprünglichen Konzeption an den Anfang, dann folgen die wesentlichen Ereignisse der Durchführung. Die Ergebnisse der Erfolgskontrolle und ihre Bewertung bilden den Hauptpunkt der Präsentation. Zum Abschluss folgt ein Ausblick in die Zukunft: Welche Lehren wurden gezogen und wie geht es weiter?

Die Bilanzpräsentation ist eine große Chance für die Kommunikationsmanagerin, die eigene Arbeit darzustellen. Es gelten die gleichen Regeln wie für die Konzeptpräsentation nach Abschluss der Konzeption: Gefragt ist eine gründliche Vorbereitung und ein überzeugender kurzer Vortrag mit professionellen Folien. Die Präsentation sollte aber nicht zur Marketingveranstaltung degenerieren, in der die Erfolge überhöht und Fehler geschönt werden. Ehrlichkeit ist das Rückgrat der internen Kommunikation. Die Präsentation wird nicht allein von der Kommunikationsmanagerin übernommen, auch andere Teamkollegen sind einbezogen. Ein letztes Mal tritt das Projektteam gemeinsam auf.

Zu jedem Projektabschluss gehört auch eine schriftliche Dokumentation. Sie darf nicht als administrative Pflichtübung verstanden werden, die im Archiv verschwindet und schnell vergessen ist. Die Beteiligten sehen die Dokumentation als den verdichteten Wissensschatz des Projekts, der für nachfolgende Kommunikationsprojekte zur Verfügung gestellt wird.

Es empfiehlt sich eine kurze Textversion von 10 bis 12 Seiten, die übersichtlich und leicht zu lesen das Wesentliche zusammenfasst. Die meisten Mitarbeitenden im Unternehmen werden bevorzugt auf die kurze Version zurückgreifen, das Kurzprofil ist in wenigen Minuten zu erfassen und für sie vollkommen ausreichend. Dazu kommt eine lange Version mit allen Einzelheiten, Fotos, Videos, Plänen und mehr, die tiefe Projekt-Erkenntnisse ermöglichen. Sie steht vor allem für die internen Kommunikationsprofis zur Verfügung, die den gesammelten Erfahrungsschatz für ihre Arbeit benötigen. Beide Dokumentationen werden digitalisiert und in den Workspace des Unternehmens gestellt. Sie sind mit Schlagworten sorgfältig indiziert, sodass alle internen Kommunikationsakteure gezielt darauf zurückgreifen können. Mit der Zeit kommt so ein umfangreiches, wertvolles Archiv mit Dokumentationen aus allen bisher realisierten internen Kommunikationsprojekten zusammen. Vom gesammelten Wissen der Vorgänger können alle nachfolgenden Projekte profitieren.

Denn nach dem Projekt ist vor dem Projekt. Auch die weiteren Aktionen und Kampagnen der internen Kommunikation im Unternehmen werden zukünftig als Projekte systematisch erarbeitet und begleitet – entwickelt im Team, mit flexiblem Konzept und umfassender Erfolgskontrolle. Und nicht zu vergessen: mit vielen guten Ideen.

DER ANHANG

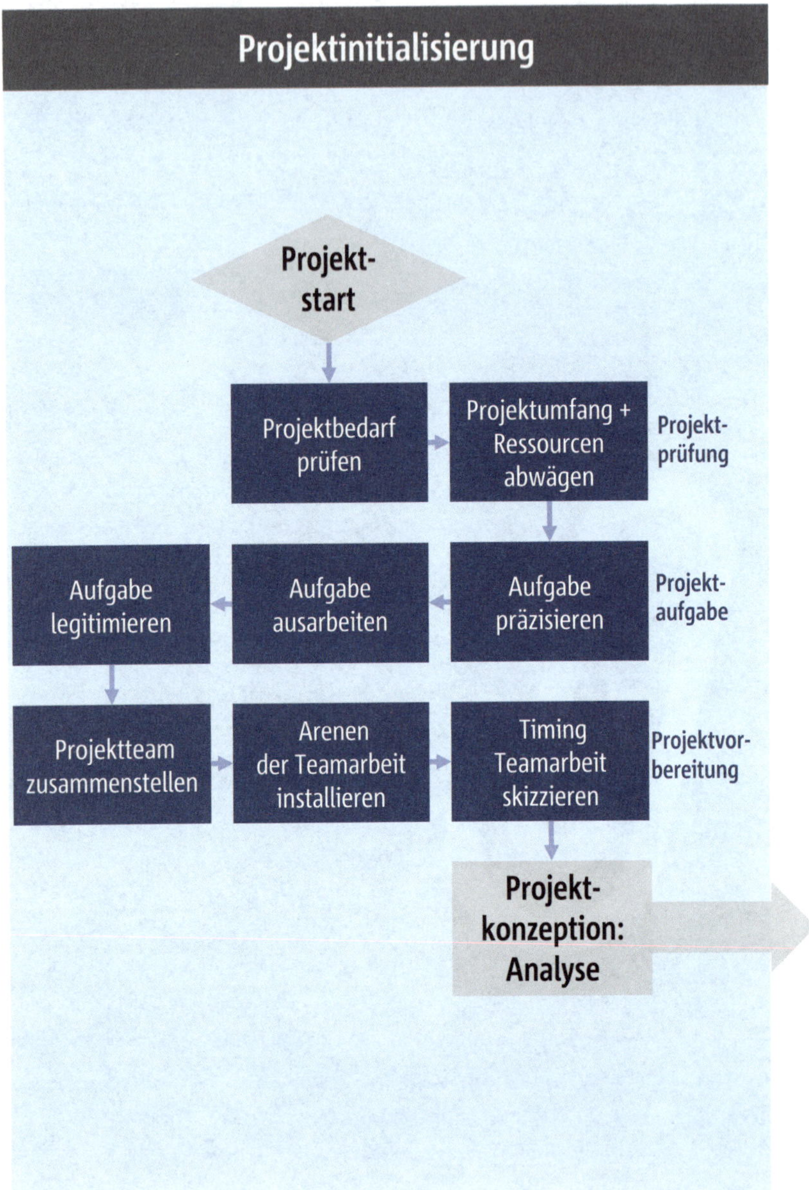
Projektinitialisierung
Projekt-
start
Projektbedarf
prüfen
Projektumfang +
Ressourcen
abwägen
Projekt-
prüfung
Aufgabe
legitimieren
Aufgabe
ausarbeiten
Aufgabe
präzisieren
Projekt-
aufgabe
Projektteam
zusammenstellen
Arenen
der Teamarbeit
installieren
Timing
Teamarbeit
skizzieren
Projektvor-
bereitung
Projekt-
konzeption:
Analyse

Projektkonzeption: Analyse

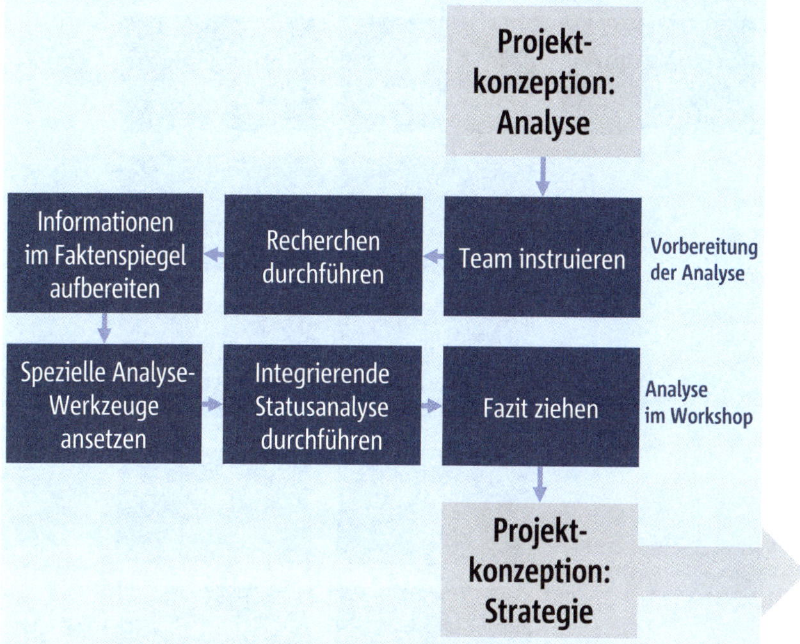

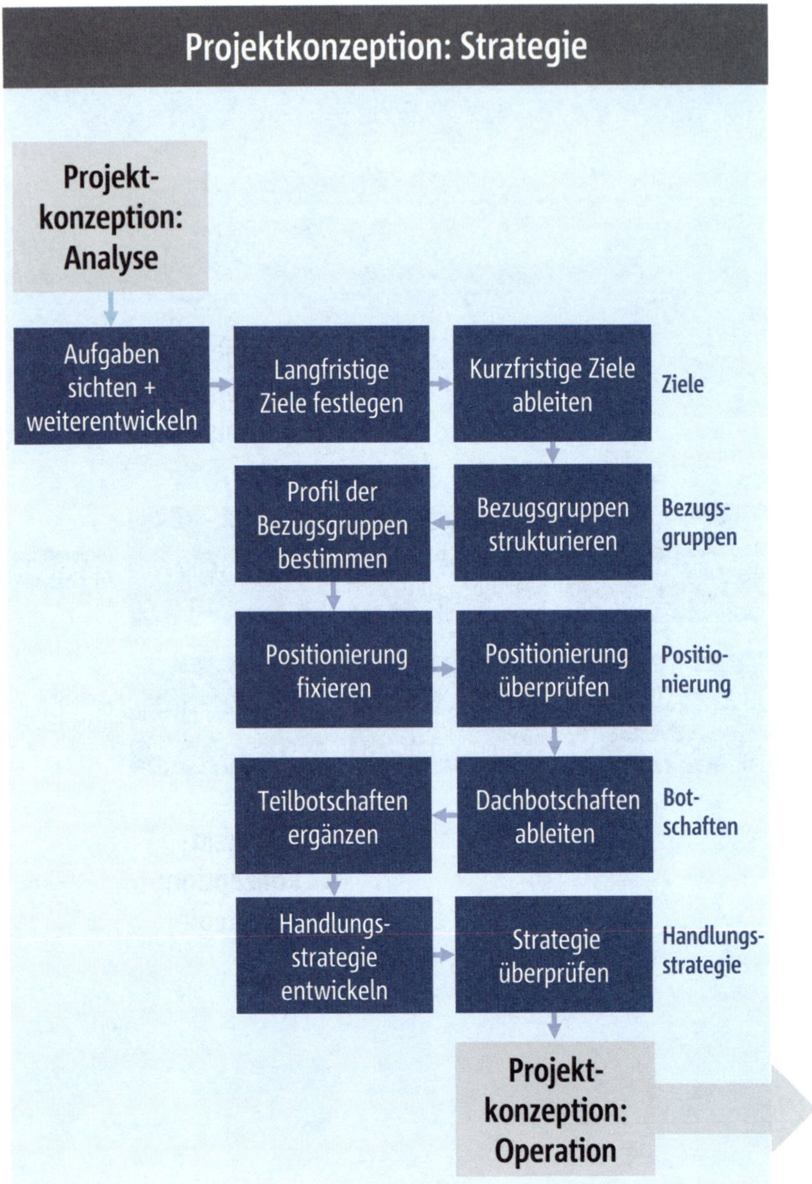
Projektkonzeption: Strategie
Projekt-
konzeption:
Analyse
Aufgaben
sichten +
weiterentwickeln
Langfristige
Ziele festlegen
Kurzfristige Ziele
ableiten
Ziele
Profil der
Bezugsgruppen
bestimmen
Bezugsgruppen
strukturieren
Bezugs-
gruppen
Positionierung
fixieren
Positionierung
überprüfen
Positio-
nierung
Teilbotschaften
ergänzen
Dachbotschaften
ableiten
Bot-
schaften
Handlungs-
strategie
entwickeln
Strategie
überprüfen
Handlungs-
strategie
Projekt-
konzeption:
Operation

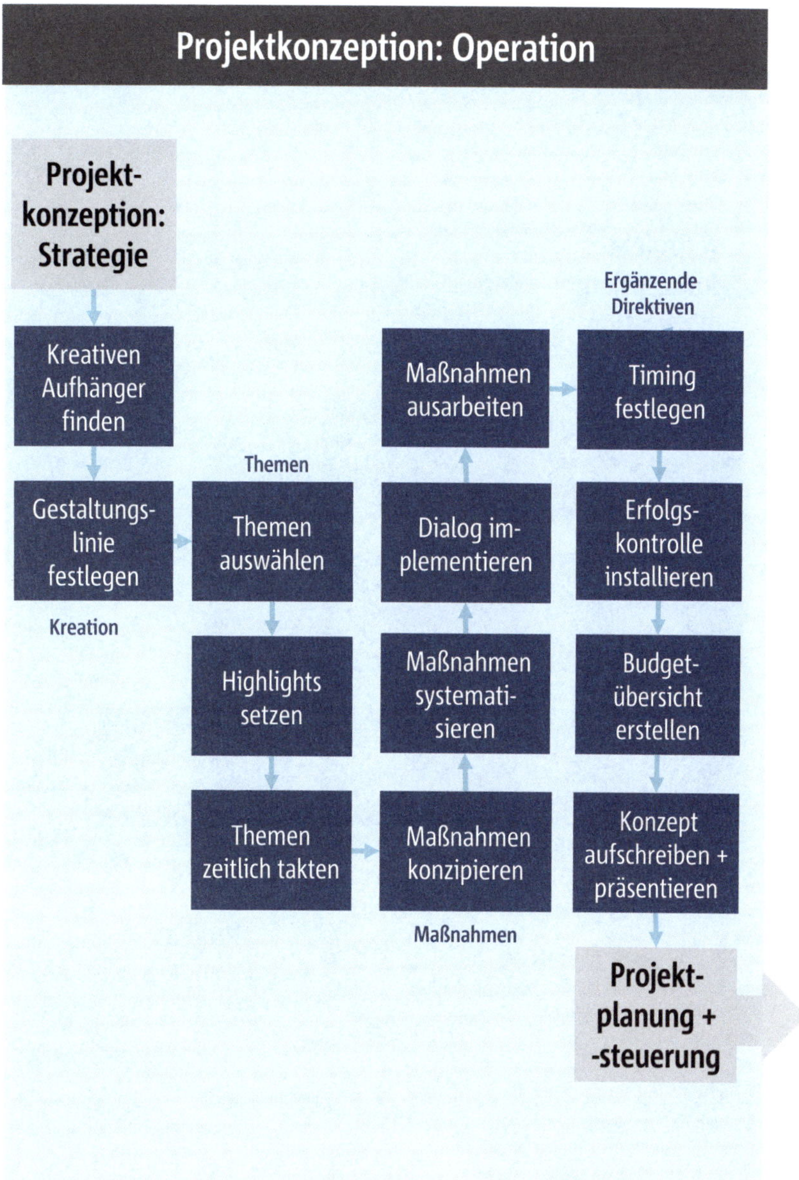
Projektkonzeption: Operation
Projekt-konzeption: Strategie
Kreativen Aufhänger finden
Gestaltungs-linie festlegen
Kreation
Themen
Themen auswählen
Highlights setzen
Themen zeitlich takten
Maßnahmen konzipieren
Maßnahmen systemati-sieren
Dialog im-plementieren
Maßnahmen ausarbeiten
Maßnahmen
Ergänzende Direktiven
Timing festlegen
Erfolgs-kontrolle installieren
Budget-übersicht erstellen
Konzept aufschreiben + präsentieren
Projekt-planung + -steuerung

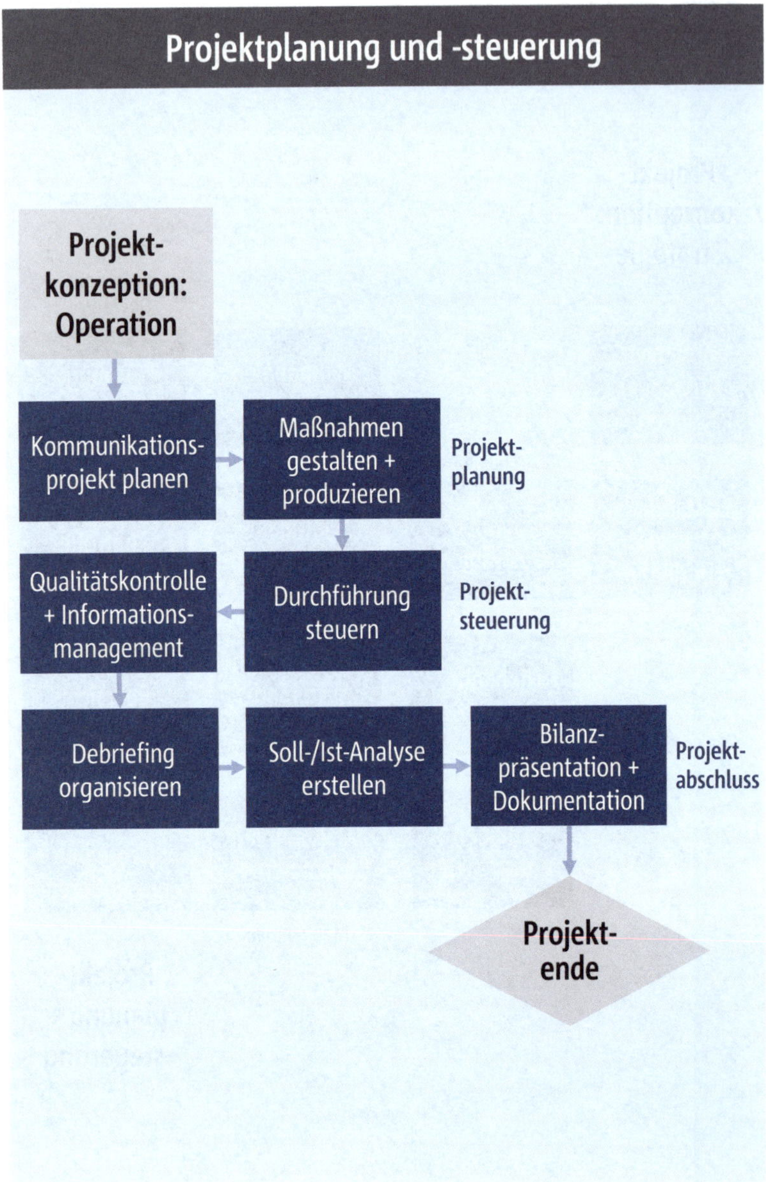
Projektplanung und -steuerung
Projekt-
konzeption:
Operation
Kommunikations-
projekt planen
Maßnahmen
gestalten +
produzieren
Projekt-
planung
Qualitätskontrolle
+ Informations-
management
Durchführung
steuern
Projekt-
steuerung
Debriefing
organisieren
Soll-/Ist-Analyse
erstellen
Bilanz-
präsentation +
Dokumentation
Projekt-
abschluss
Projekt-
ende

Abbildungsverzeichnis

Stichwortverzeichnis

Die Autoren – Ein gemischtes Doppel

Ulrike Führmann

Ulrike Führmann berät und begleitet Unternehmen und Organisationen auf ihrem Weg zu einer wirkungs- und zukunftsfähigen internen Kommunikation, zur Veränderungs- und Teamkommunikation sowie zur Organisationskultur. Sie ist zertifizierte PR- und Change-Managerin, systemische Beraterin mit dem Schwerpunkt Organisationsentwicklung (SG) und systemische Supervisorin und Coach (DGSv/SG). Für den Inkometa-Award für erfolgreiche interne Kommunikation sitzt sie in der Final Jury. Sie arbeitet in verschiedenen Netzwerken, z. B. in der Community of Practice „Agilität in Unternehmen" der Steinbeis-Universität und der Gesellschaft für Organisation. Zusammen mit Klaus Schmidbauer hat sie das Fachbuch „Wie kommt System in die interne Kommunikation?" veröffentlicht. Regelmäßig schreibt sie auf ihrem IK-Blog zu Trends und Themen der internen Kommunikation.
Weitere Informationen finden Sie auf **www.interne-kommunikation.info** und im Blog **www.ik-blog.de**.

Klaus Schmidbauer

Klaus Schmidbauer aus Berlin ist Spezialist für strategische Kommunikationskonzepte. Sein erstes Konzept hat er im Jahr 1987 entwickelt, bis heute sind über 1.500 Kommunikationskonzepte für Unternehmen, Ministerien, Behörden, Stiftungen und Vereine im gesamten deutschsprachigen Raum entstanden. Darunter auch viele Kampagnen und Aktionen der internen Kommunikation. Parallel vermittelt er als Dozent, Referent und Moderator die Praxis der Konzeption. Unter anderem hat er einen Lehrauftrag an der Technischen Universität Berlin. Zu seinen Veröffentlichungen gehören das umfassende Fachbuch „Wirksame Kommunikation – mit Konzept – Ein Handbuch für Praxis und Studium" und der kompakte Praxisleitfaden „Vorsprung mit Konzept – Erfolgreiche Konzepte für die Unternehmenskommunikation".
Weitere Informationen finden Sie auf **www.schmidbauer-berlin.de** und im Blog **www.konzeptionerblog.de**.

Klaus Schmidbauer
Oliver Jorzik

Wirksame Kommunikation mit Konzept

Ein Handbuch für Praxis und Studium

Kommunikationsaufgaben werden immer komplexer, neue Disziplinen und Instrumente entstehen, die integrierte Kommunikation vervielfacht den Radius und die Innovationskraft der Online-Kommunikation stellt bewährte Regeln in Frage. Zugleich steigt die Kommunikationsflut in unserer Mediengesellschaft weiter an und der Spalt der Aufmerksamkeit bei den Zielgruppen wird schmaler. Wer nicht präzise und einfühlsam kommuniziert, verliert.

Vor diesem bewegten Hintergrund gewinnt das Kommunikationskonzept an Tragweite. Kommunikationsplanung aus dem Bauch mit gewohnten Standards und kurzfristigem Horizont war gestern. Moderne Kommunikation braucht das Konzept mit gründlicher Analyse, klarer Strategie und akkurat daran ausgerichteten Aktivitäten.

„Wirksame Kommunikation mit Konzept" ist das erste umfassende Handbuch der strategischen Kommunikationsplanung im deutschen Buchhandel. Auf ca. 600 Seiten wird der Leser durch alle Phasen der Kommunikationskonzeption geführt und lernt die gängigen Methoden, Werkzeuge und Regeln zeitgemäßer Konzeptionsarbeit kennen.

Als Leser sind alle angesprochen, die in Unternehmen und Organisationen Konzepte entwickeln, bewerten oder nutzen. Zudem wendet sich das Handbuch an Studierende, die ein solides Rüstzeug für ihre Seminare und Facharbeiten suchen. Kurz gesagt: Das Buch gehört überall dort auf den Tisch, wo mit Konzept gearbeitet wird.

ISBN 978-3-933689-16-0
im Buchhandel und bei www.talpa.de